U0518963

专利文献研究

智能电网

2018

国家知识产权局专利局专利文献部◎组织编写

知识产权出版社
全国百佳图书出版单位
—北京—

图书在版编目（CIP）数据

专利文献研究.2018.智能电网/国家知识产权局专利局专利文献部组织编写. —北京：知识产权出版社，2019.9

ISBN 978 - 7 - 5130 - 6478 - 1

Ⅰ.①专… Ⅱ.①国… Ⅲ.①专利—文集 Ⅳ.①G306 - 53

中国版本图书馆 CIP 数据核字（2019）第 212060 号

内容提要

本书为国家知识产权局专利局专利文献部组织编写的 2018 年优秀专利文献研究成果集的智能电网专题，共 10 篇论文，旨在通过对这个专题的深入研究，传播共享专利局各审查部门、各地审查协作中心的专利审查员、专利信息分析人员、专利布局研究人员的最新专利文献研究成果，以期共同推进我国的专利文献的专题研究深度及广度。

责任编辑：卢海鹰　　　　　　　　　责任校对：王　岩

执行编辑：崔思琪　　　　　　　　　责任印制：刘译文

专利文献研究（2018）
——智能电网

国家知识产权局专利局专利文献部　组织编写

出版发行：知识产权出版社 有限责任公司	网　　址：http：//www.ipph.cn	
社　　址：北京市海淀区气象路 50 号院	邮　　编：100081	
责编电话：010 - 82000860 转 8112	责编邮箱：lueagle@126.com	
发行电话：010 - 82000860 转 8101/8102	发行传真：010 - 82000893/82005070/82000270	
印　　刷：三河市国英印务有限公司	经　　销：各大网上书店、新华书店及相关专业书店	
开　　本：787mm×1092mm　1/16	印　　张：15	
版　　次：2019 年 9 月第 1 版	印　　次：2019 年 9 月第 1 次印刷	
字　　数：306 千字	定　　价：70.00 元	

ISBN 978-7-5130-6478-1

出版权专有　侵权必究

如有印装质量问题，本社负责调换。

《专利文献研究（2018）》编委会

主　任　何志敏

副主任　张　鹏　王　玲

编　委　王昉杰　盖　爽　毛晓宇　陈海琦

　　　　刘一男　段　然

出版说明

习近平总书记指出："加强知识产权保护是完善产权保护制度最重要的内容，也是提高中国经济竞争力最大的激励"。创新驱动发展是世界经济发展的必然趋势，知识产权日益成为国家发展的战略性资源和国际竞争力的核心要素。作为创新主战场的制造业需要把握这一难得的战略机遇，突出创新驱动，突破一批重点领域关键技术，向数字化、网络化、智能化方向发展。

《专利文献研究》系列丛书自 2010 年首刊以来，已收录文章 400 余篇，旨在及时挖掘专利文献价值、呈现各技术领域的最新研究成果。自 2017 年以来，本书编写组紧密围绕重点领域，邀请国家知识产权局专利局相关领域专利审查员开展专利技术综述撰写工作。

《专利文献研究2018》丛书共分三册，收录了智能汽车、智能电网、医药制药三个技术领域的专利技术综述。作者在整理、分析特定技术领域相关专利文献的基础上，以典型技术方案为支撑，展现该领域的技术发展趋势、核心技术、主要专利申请人和发明人等信息，并以此为基础对该技术领域今后的发展方向和发展趋势进行综合性论述。

衷心希望本书的出版能够为广大专利工作者提供参考，为制造业相关领域从业者提供借鉴和支持，为实现中国制造向中国创造、中国速度向中国质量、中国产品向中国品牌三大转变贡献力量。

《专利文献研究2018》编辑部

2019 年 9 月

目　　录

并网发电系统孤岛检测专利技术综述*

许艳丽　郑李仁**　张曼**　黄丽萍**　赵娟娟**

摘要　随着智能电网的发展，分布式并网发电系统将会大量使用，而众多分布式并网发电系统的接入会影响电网的安全和稳定运行，孤岛问题就是在分布式并网发电系统中造成上述影响的一个基本问题。孤岛检测技术正是在孤岛效应基础上出现的新的安全检验措施，随着分布式并网发电系统在发电系统中所占比重的逐渐上升，孤岛检测方法的讨论必将成为新的研究热点，关于并网孤岛检测技术的专利申请也如雨后春笋般在近几年出现了激增式的发展。本文从专利文献的视角对孤岛检测技术的发展进行了全面的统计分析，总结了与孤岛检测技术相关的专利申请趋势、主要申请人分布，介绍了孤岛检测的重点技术分支及其发展路线，有助于相关领域技术人员利用专利技术综述全面了解相关背景知识。

关键词　孤岛检测　远程　主动　被动

一、概述

（一）研究背景

随着智能电网的发展，分布式发电已大量使用在各供电网络中。分布式发电指的是规模不大（几十千瓦到几十兆瓦）、分布在负荷附近的经济、高效、可靠的发电设施[1]。根据一次能源的不同可以将分布式发电分为风力、太阳能光伏电池、燃料电池、微型小水电、微型燃气轮机、生物能等，但众多分布式发电的接入却会对整个电网造成影响，影响电网的安全和稳定运行，孤岛问题就是分布式并网发电系统造成上述影响的一个基本问题，其对整个配电系统设备及用户端的设备都会造成不利的影响，比如：1）危害电力维修人员的生命安全；2）影响配电系统上的保护开关动作程序；3）孤岛区域所发生的供电电压与频率的不稳定性会对用电设备带来破坏；4）当供电恢复时造成的电压相位

---

* 作者单位：国家知识产权局专利局专利审查协作广东中心。

** 等同第一作者。

不同步将会产生浪涌电流，可能会引起配电系统再次跳闸或对光伏系统、负载和供电系统带来损坏；5）光伏并网发电系统因单相供电而造成配电系统三相负载的欠相供电问题。因此，孤岛检测是分布式并网发电系统必备的功能。

1. 技术概述

所谓孤岛（也称为孤岛效应）是指：当主电网因供电故障等原因而使拉闸开关跳闸时，各用户端的分布式并网发电系统不能及时检测出停电状态从而将自身切离主电网，并形成由分布式并网发电系统及与其相连的本地负载所组成的自给供电的一个孤岛发电系统[2]。总而言之，孤岛效应就是在电网并联运行的分布式并网发电系统中，电网连接端口因为检修或者紧急事故的发生而导致与供电端口断开，同时分布式并网发电系统依然向本地负载供电的现象。在形成孤岛后，孤岛检测不仅需要确保检测的灵敏性，而且还要减少检测对供电系统的影响，而孤岛检测主要是检测公共耦合点的某项输出参数是否达到或者超过极限值。

2. 技术发展

在当今社会全面快速发展的大背景下，不可再生能源的日益紧缺以及环境污染的日益加剧，使得太阳能、风能等大规模可再生能源的利用受到了学术界和工程界人士的强烈关注，在资金、技术和社会资源等方面对于这项产业的投入使得可再生能源发电技术在世界范围内得到较大规模的应用。然而，大量其他能源产生的电功率并网之后，产生的孤岛效应严重影响着电网的供电。为避免孤岛现象发生后对人员和设备造成各种危害，分布式并网发电系统必须能及时检测出孤岛状态并立即断开分布式发电装置与主电网的连接。国内外对孤岛的检测主要以学校以及研究院所为主。近年来许多研究单位致力于并网发电系统的孤岛检测技术并取得一定成果，国外有加拿大多伦多大学、美国的蒙大拿州立大学、丹麦的奥尔堡大学以及韩国的国立江原大学等；国内有华中科技大学、合肥工业大学、燕山大学等。

（二）研究对象和方法

1. 技术分解

传统的孤岛检测技术大致可以分为远程孤岛检测法和本地孤岛检测法。远程孤岛检测法的检测原理是通过电网侧自身的监控系统检测到供电中断情况后，向并网逆变系统传送故障信号，使逆变器采取必要的保护措施[3]。该类方法主要有断路器跳闸信号检测、电力载波通信、网络监控数据采集等，主要适用于大功率并网系统。远程孤岛检测法是利用电网侧反馈的电网运行状态对系统的孤岛运行进行检测，理论上不存在检测盲区，但是需要增加额外的检测设备，较大地增加了系统的成本[4]。传统远程孤岛检测法主要有阻抗投切法和电力线载波通信法，检测时间相对较长，成本较低；智能远程孤岛检测法需要添加大量的智能电子设备并建立通信网络，检测时间短，可靠性高，但是成本较高，对小型光伏发电系统并不适应[5]。

本地孤岛检测法是指在并网逆变器侧的孤岛检测方法，又分为被动式孤岛检测法（也称无源检测法）、主动式孤岛检测法（也称有源检测法）和混合孤岛检测法[6]。被动式孤岛检测法是通过监控分布式发电装置与主电网接口处的电压或者频率的异常来进行孤岛检测。原始的被动式孤岛检测法主要利用电压幅值、频率、相位、谐波等参量的变化情况来识别孤岛，主要包括过/欠压和过/欠频检测法、电压谐波检测法和电压相位突变检测法等，但这种方法检测速度慢、存在较大的检测死区。近几年被动式孤岛检测法的研究重点在同时利用多种电气量来识别孤岛，采用先进的数据挖掘技术获取相应特征量，同时利用智能模式识别方法来检测孤岛，该类方法孤岛检测死区较小[7]。然而，从机理上分析，孤岛形成后功率完全匹配时仍然存在不可避免的死区，同时智能算法和改进的数据处理方法对硬件要求较高，难以满足工程应用需求。主动式孤岛检测方法通过在系统中有意地引入扰动信号来监控系统中的电压、频率或阻抗数值上的变化，以确定主电网上孤岛存在与否。

主动式孤岛检测法的一般原理是在逆变器端添加一定的扰动信号，在光伏逆变器并网运行时，该扰动信号受到主电网的钳制作用不会影响系统的电能质量，光伏逆变器孤岛运行时，扰动信号失去主电网的钳制作用而对孤岛系统形成较大的扰动，将导致电压幅值、频率或相位等参量发生较大的波动，可据此判断出孤岛的产生[8]，其主要方式有频率偏移检测法、滑模频漂检测法、周期电流干扰检测法和频率突变检测法。该方法检测精度高，非检测区小，但是控制较复杂，且降低了逆变器输出电能的质量。

基于上述背景以及专利文献的初步详细检索，在综合考虑各个技术分支的文献量情况下，进行了如下的技术分解，详见表1。

表1　孤岛检测领域技术分支表

一级技术分支	二级技术分支	三级技术分支	介绍
检测设备	整体模块		对系统整体模块的改进或者加入部分模块
	采集部分		具体采样电路的改进
检测方法	远程检测法		通过外部单元采集电网侧状态信号，主要有断路器跳闸信号检测、电力载波通信、网络监控数据采集系统等，一般适应于大功率并网
	本地检测法	被动	通过检测公共耦合点（PCC）的参数、如电压、频率、相位、功率、谐波等
		主动	通过对逆变器输出电流的幅值、频率、相位和输出的有功无功功率进行一定的干扰，如：电流注入干扰、频率偏移、功率注入等
		复合	主动 + 被动

2. 数据检索

本技术综述采用的专利文献数据主要来自中国国家知识产权局专利局专利检索与服务系统（Patent Search and Service System，以下简称"S系统"）；检索主要包括中文检索和外文检索；检索截止时间是 2018 年 6 月。在此说明，由于 2018 年的专利申请绝大部分都处于未公开状态，因而 2018 年的数据不具备代表性，在下文的专利申请分析中并未分析 2018 年的专利文献数据。

（1）检索策略

根据前期的检索准备，检索得到的数据量并不多，因而本技术综述针对主题确定关键词和各相关分类号，从而在确保"全"的情况下兼顾"准"进行检索。具体的检索策略有：使用关键词统计分类号，避免遗漏分类号；使用分类号统计关键词，避免遗漏关键词；对分类号尽量进行全面扩展；合理使用数据库。

（2）中文检索

本技术综述中文数据检索主要使用 S 系统的中国专利文摘数据库（以下简称"CNABS 数据库"）进行中文专利的检索，检索过程中通过考虑"孤岛"表达的专业性以及分类号的全面性，并根据全面和准确的要求在检索过程中进行动态调整。由于CNABS 数据库内容覆盖全面，检索结果比较全，遗漏的可能性较小。通过对检索结果进行浏览和抽样浏览来进行查准校验，通过选取若干重要申请人的专利申请与中文检索相比较，通过选择不同的检索式进行排除检索浏览，以进行查全校验，最终确定的检索式是"（H02H7/26 OR H02H7/28 OR H02H7/30 OR H02J3/38 OR G01R31/ OR G01R19/ OR G01R23/）/IC AND （孤岛 S（检 OR 测 OR 验））"，检索结果为501 篇。

（3）外文检索

本技术综述外文数据检索主要使用 S 系统的外文数据库（以下简称"VEN 数据库"），其涵盖了两个主要国外数据库——世界专利文摘数据库（以下简称"SIPOABS"）和德温特世界专利索引数据库（以下简称"DWPI"）的全部数据，扩大了数据的检索范围。检索过程中主要通过与各个技术分支密切相关的关键词进行检索，并根据全面和准确的要求进行动态调整。外文专利的检索同样也通过对检索结果进行大致浏览和抽样浏览来进行查准校验，并对去除的噪声文献进行分析找出共性，从而再与检索结果进行比较，通过动态调整达到精确查准，并通过选择若干重要申请人的专利申请与中文检索结果进行比较，以进行查全校验，最终确定的检索式是"（H02H7/26 OR H02H7/28 OR H02H7/30 OR H02J3/38 OR G01R31/ OR G01R19/ OR G01R23/）/ic/cpc AND （island + S（test + OR detect +））"，检索结果为480 篇。

二、专利申请趋势分析

孤岛检测领域的主要分类号的大组有 H02H7 和 G01R31。为了研究孤岛检测专利技术的发展情况，本技术综述主要使用分类号以及关键词结合，在 CNABS 数据库和 VEN 数据库中进行检索去重后获得 320 篇进行统计分析的专利申请样本。在此基础上，本部分主要对国外和国内专利申请状况的趋势以及国外和国内主要申请人进行分析，从中得到相关的技术发展趋势。

（一）全球专利申请趋势

为了分析孤岛检测技术的发展趋势，针对中文数据库和外文数据库检索到的 320 篇专利文献按照年代进行统计分析，发现从 1995 年开始就有专利申请。经过 20 多年的发展，孤岛检测技术的发展可以分为四个阶段：①萌芽期；②发展储备期；③快速发展期；④成熟期。详见图 1。

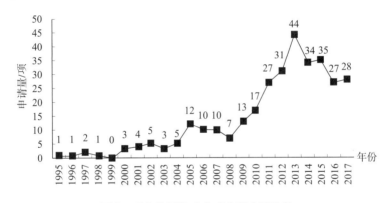

图 1　孤岛检测技术全球专利申请趋势

下面对这四个阶段进行详细说明。

（1）萌芽期：该阶段为 1995～1998 年，特点是专利申请量较少，总共只有 5 项，并且呈平稳态势，其中大部分都是欧洲专利，这与欧洲作为工业革命的发源地并且最早建立了近代专利制度有较大的关系。能检索到的关于孤岛检测技术的最早的专利是 EP96108609A，申请日（优先权日）为 1995 年 5 月 31 日，申请人是 SHARP KK，该专利文献采用主动式检测方案，可提高检测的可靠性。

（2）发展储备期：该阶段为 1999～2008 年，各国纷纷将重心转移到经济建设中，随着经济建设的不断发展，资源和环境问题日益严峻，各国政府都在新能源的开发与利用方面加大了投资力度，在这样一种背景下，智能电网中的分布式并网发电系统逐渐引起了各国的高度重视。孤岛检测技术作为分布式并网发电系统中不可缺少的一项重要功能，逐渐成为研究焦点并得到大量的应用，因而相比于前一阶段，专利申请量有比较明显的增加。

（3）快速发展期：该阶段从 2009 年开始，专利申请量迅速增长，主要是由于中国申请数量急剧增长。根据目前统计，该阶段全球申请量有 256 项，其中有 174 项来自中国申请人，中国申请人申请量增长明显高于国外申请人，主要原因在于中国从 2009 年开始重视电网电能质量提高，对供电可靠性和安全性提出更高要求并加大对电网运行和研发的投入。随着国民经济的持续健康发展，社会生产生活方面对用电数量和质量都提出了更高的要求。因此，中国的电网建设投资连年维持在一个较高的水平并在"十二五"期间以及"十三五"的头几年都取得巨大的进展。与欧美国家相比，中国的智能电网覆盖面更为全面，是调度、发电、输电、变电、配电、用电六大环节的整体升级。美国的智能电网主要在配网层，特别强调的是用电智能化，智能电表系统的构建是重中之重。欧洲则主要强调分布式能源的接入，包括新能源和储能系统的使用，电力电子技术的发展是关键。

（4）成熟期：该阶段为 2012~2017 年，该阶段专利申请量呈下降趋势。由于孤岛检测技术逐渐成熟，基本上满足实际检测需求，且改进空间较小，因此，申请量逐渐减少。

（二）中国专利申请趋势

在统计的 320 件专利申请中，有 180 件中国专利申请，其中有 6 件为 2009 年之前申请，174 件为 2009 年之后申请，实用新型 23 件占总量的 12.8%，发明 157 件占总量的 87.2%。根据统计数据可以知道，2005 年中国才出现孤岛检测相关专利申请，相比 1995 年开始出现孤岛检测的外国专利申请，中国晚了整整 10 年。纵观近 20 年的中国专利文献，孤岛检测技术的发展可以划分为三个阶段：①萌芽期；②快速发展期；③调整期。详见图 2。

图 2　孤岛检测技术中国专利申请趋势

下面对这三个阶段进行详细说明。

（1）萌芽期：该阶段为 2005~2008 年，特点是专利申请量非常少，一方面是因为中国企业对于知识产权保护重视意识不够，另一方面是中国供电企业对电网供电质量和安全还未有足够的重视。在 CNABS 数据库中能检索到的关于孤岛检测技术的最早的专利是 CN1893214A，申请日为 2005 年 7 月 5 日，申请人是沈阳网格电子信息技术有限公司，该发明申请提供一种低压光伏并网控制装置，实现实时监测和就地/远程控制的组合，从而对孤岛效应等非正常运行监测信号迅速作出反应，及时控制并网开关动作；同时将低压光伏并网的操作规程变为可更新的机器程序，以完善其自动逻辑，从而有效解决了光伏并网的安全问题。

（2）快速发展期：该阶段为 2009～2013 年，该期间申请量迅速攀升，这是由于中国经济发展迅速，中国电力发展步伐不断加快，中国电网也得到迅速发展。全国已经形成了东北电网、华北电网、华中电网、华东电网、西北电网和南方电网六个跨省的大型区域电网，并且国家大力鼓励电网技术发展，"十二五"期间是我国智能电网全面建设的五年。2010 年，坚强智能电网关键技术设备和建设试点全面开展，2015 年，坚强智能电网基本建成，关键技术和装备达到国际领先水平。在此期间，国家重视电网电能质量提高，对供电可靠性和安全性提出更高要求并加大对电网运行和研发的投入，孤岛检测技术在电网应用中起到非常重要的作用，因此，孤岛检测技术得到了蓬勃发展。

（3）调整期：该阶段从 2014 年起至今，申请量呈现起伏趋势，但是整体发展是趋向于稳定的，这与该技术发展基本成熟有关。

（三）专利申请趋势对比

图 3 统计了 1995 年以来孤岛检测技术的专利申请按照年份的增长情况。从图 3 可看出，全球关于孤岛检测技术的专利申请量自 2009 年开始出现稳步上升的趋势，其中中国专利申请量的增长占主要比例，并且该比例有逐年增加的趋势，中国关于孤岛检测的专利申请量构成了本领域申请量的主要部分。在孤岛检测领域，2009 年到 2013 年这五个年度中国申请量占全球申请量的比例已达 60% 以上，可见这期间国内该领域的技术和市场在全球非常活跃。2013 年之后略有波动，但整体上趋于平稳。

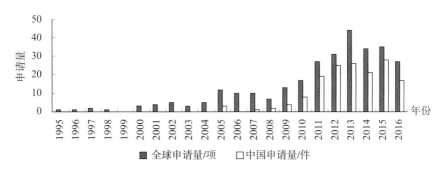

图 3　孤岛检测技术全球和中国申请量对比

三、主要申请人分析

（一）专利申请国家/地区对比

通过对所有文献进行统计分析，在图 4 中列出了各个主要国家/地区申请量的比重。从图 4 可以看出，全球该领域的专利申请主要集中在中、美、日、韩、欧洲等国家或地区，主要原因是这些国家或地区比较重视专利权的保护，因此申请量也比较大。美国主要围绕智能电网建设，重点推进核心技术研发，着手制定发展规划。欧洲各国结合各自的科技优势和电力发展特点，开展了各具特色的智能电网研究和试点项目。我国与欧美国家在智能电网建设方面处于同一起跑线上，国内众多行业中的领先企业和科研机构都很关注智能电网的发展。正是因为中国电网技术的蓬勃发展及投入的增大，智能电网技术发展非常迅猛，同时我国越来越重视相关技术的专利权保护，因此，近几年中国成为本领域专利申请最为活跃的国家，专利申请量占比最大，达到53%。

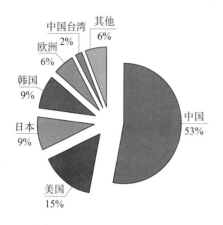

图4　孤岛检测技术国家/地区专利申请量对比

（二）主要专利申请人分析

申请人是申请专利的主体，也是技术发展的主要推动力量，通过对申请人，尤其是主要申请人的研究，可以发现本领域的申请主体的特点以及主要申请人的专利战略特点。现基于统计的全球排名的前几位的申请人，分析这些申请人的研发重点和技术效果，详见表2。

表2　孤岛检测技术主要专利申请人状况

申请人	申请量	集中申请年份	申请重点	技术效果
国家电网公司	42件	2012～2017年	整体模块、检测方法	减小盲区、速度快、提高电能质量、可靠性高
ABB公司	19件	2005～2016年	检测方法	可靠性高
欧姆龙公司	12件	2006～2014年	检测方法	可靠性高
通用电气公司	5件	2003～2014年	检测方法	可靠性高

国内专利申请共180件，其中专利申请量第一位的为国家电网公司，申请总量达到42件，主要集中在2012年之后，申请主要涉及的是孤岛检测方法，尤其是本地孤岛检测方法，其中包括有被动式孤岛检测方法和主动式孤岛检测方法；专利申请量第二位的为ABB公司，申请总量为19件，主要集中在2005年之后，同样主要涉及的是孤岛检测方法；专利申请量第三位的为欧姆龙公司，申请总量为12件，主要集中在2006～2014年；专利申请量第四位的为通用电气公司，申请总量为5件，主要集中在2003～2014年。外国申请人关于孤岛检测的专利申请时间较早，中国申请人的申请时间相对较晚，可见国外申请人对孤岛检测技术进行专利布局的意识的形成时间要更早。而中国申请人虽然起步较晚，但后期的申请量迅速攀升，很快赶超国外，可见中国对孤岛检测技术和电网可

靠和安全运行的重视。

（三）国外主要专利申请人重点技术分析

国外关于孤岛检测的专利申请量最多的为 ABB 公司对孤岛检测的布局主要在于对检测方法的改进，大部分都是采用主动式孤岛检测方法，通过施加激励信号、注入干扰信号等方法来检测是否存在孤岛。

该公司具有代表性的核心技术如表 3。

表 3　ABB 公司孤岛检测代表性核心技术

US2012239215A1（用于检测分布式发电机的孤岛状况的方法及设备），采用主动式检测法
核心方案为：估计电网阻抗；对电网的第一电学量的值引入变化量，其中，基于估计的电网阻抗来优化引入的变化量的幅度以使引入的变化量对电网的影响最小化；监视对变化量的电网响应；以及基于监视的响应来确定孤岛状况。本发明能够帮助减小由潜在大电力变化量引起的对电力质量的影响，使引起的超过分布式发电机的噪扰跳闸限值的风险最小化 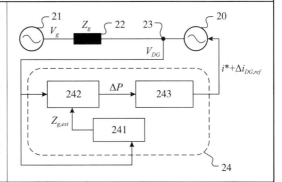
US2015015302A1（电力分配网络中孤岛化检测可靠性的改进），采用主动与被动相结合的检测方法
核心方案为：电力分配网络设备，利用具有故障检测块的故障检测信息，使用与孤岛化检测参数相关的事件检测；孤岛化状况的判定基于测量电压总谐波失真（THD）中的变化和电压不平衡的变化，通过在形成孤岛之前和之后监控 DG 处的终端电压的电压总谐波失真的变化来检测孤岛化，连同被动/混合孤岛化检测一起使用对网络事件的事件检测。本发明的电力分配网络设备可避免几个所指示的解列情况，验证由孤岛化方法给出的孤岛化指示，改善孤岛化检测可靠性和解列（LOM）保护的选择性操作，避免与被动孤岛化方法关联的缺陷，避免有害跳闸，当局部负载与 DG（分布式发电）输出功率匹配时不具有 NDZ（非检测区域） 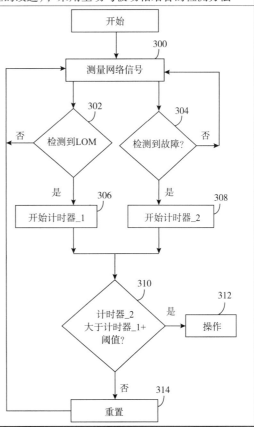

（四）国内主要专利申请人重点技术分析

国内关于孤岛检测的专利申请量排第一位的为国家电网公司。国家电网公司在国家政策的支持下，结合先进技术的引进和自主研发，采用企业间合作、校企合作、企业和研究院合作以及设立众多子公司的模式，进行了大量的专利申请。国家电网公司在智能电网技术的大力投入以及孤岛检测技术上进行的大量申请说明了国家电网公司对智能电网建设以及对孤岛检测技术的重视。该申请人在孤岛检测技术的布局上主要是对整体模块和检测方法进行保护，其核心技术主要涉及以下几个方面：（1）采用本地孤岛检测法，包括主动式检测、被动式检测或主动式和被动式复合检测方法，提高孤岛检测的准确度、可靠性，提高测量速度，减小盲区；（2）对整体模块进行改进，使得装置体积变小，响应速度快，可靠性高。

其具有代表性的检测技术如表4。

表4　国家电网公司孤岛检测代表性核心技术

CN205407290U（一种分布式光伏电源并网控制装置），采用主动与被动相结合的复合式检测方法

核心方案为：被动式检测单元，用于通过霍尔传感器检测电网的相电压和相电流并获得阻抗角 φ，以及比较阻抗角 φ 和预设的阻抗角阈值 φ_1，其中，所述阻抗角阈值 φ_1 为 $80\sim100$ 中的任意值；主动式检测启动单元，与所述被动式检测单元连接，用于当所述被动式检测单元检测到 $\varphi>80\%\varphi_1$ 时，启动主动式检测模块；主动式检测单元，与所述主动式检测启动单元连接，用于将阻性负载接入电网，比较接入所述阻性负载之前的电网电压 U0 和接入所述阻性负载之后的电网电压 Ut，其中，所述阻性负载为所述电网的阻抗的 4 倍；孤岛判断单元，与所述主动式检测单元和所述被动式检测单元连接，用于当所述被动式检测单元检测到 $\varphi\geqslant\varphi_1$，或当所述主动式检测单元检测到 $Ut\leqslant0.8U_0$ 时，判断发生孤岛，并断开所述分布式光伏电源与所述电网的连接。由此有机地结合了两种检测方式，不仅能够准确地检测孤岛，而且减小了对电网的干扰

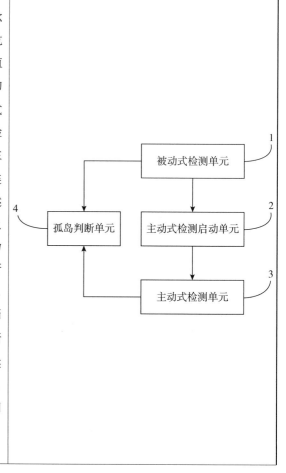

续表

CN105375520A(针对大规模风电具有防偷跳功能的孤岛检测方法),采用远程检测方法
核心方案为:初始化节点类型表和节点连接表的步骤;监测电网中的断路器跳闸信号,并根据监测的断路器跳闸信号更新节点连接表,并将断路器跳闸信号对应的节点推入队列的步骤;以及根据更新后的节点连接表和队列进行逻辑判断,从而判断断路器跳闸信号对应的节点是否形成孤岛的步骤。针对大规模风力发电系统,在电源侧高压主网,进行孤岛检测及防孤岛保护,具有快速、准确、高效、安全且稳定的优点。同时本发明技术方案不考虑线路权重,可以更快速地进行防孤岛保护动作 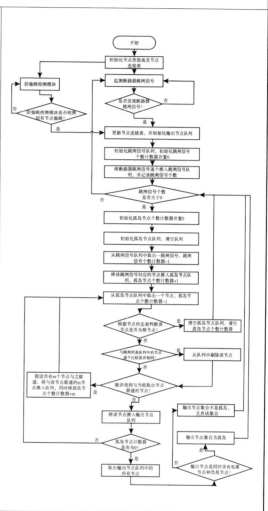

四、主要检测技术分析

（一）主要改进技术分析

在孤岛检测的专利申请中,主要涉及检测设备和检测方法。检测设备包括对整体模块的改进和采集部分的改进,其中整体模块占据了较大部分,申请量为85件,而采集模块只有10件。孤岛检测方法可以分为远程检测法和本地检测法,而专利申请主要集中在对本地孤岛检测法的改进,占比高达92.4%,其中本地复合孤岛检测法为33件,本地主动孤岛检测法为156件,本地被动孤岛检测法为90件,另外远程检测法为23件。具体分布如图5所示。

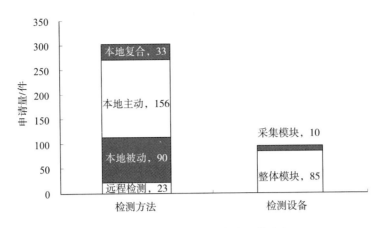

图5 检测方法和检测设备的具体分布

（二）检测设备分析

检测装置中涉及整体模块的专利申请改进点多集中在对系统的整体模块的改进或者是在整体模块的基础上增加相关的功能模块，如通用电气公司于2005年提出的一种用于检测具有电力线电压的电力网中的孤岛状态的设备（公开号为US200709397A1），通过在设备中设置用以监控的发电站外部的网点处将可检测的信号加到电力线电压上的信号发生器，产生暂态和谐波电压、电流，注入到中压集电器总线或高压传输系统以实现电网孤岛检测；如广西师范大学的廖志贤等于2013年提出的一种光伏发电孤岛检测装置（公告号为CN203398802U），主要由混沌检测模块、数字锁相环模块、最大功率点跟踪模块、乘法器、同步控制模块和IGBT驱动模块组成，混沌检测模块为一独立的硬件模块，其主要负责对光伏并网发电系统的公共连接点的电压进行采样，采样电压按比例进行适当的衰减后形成扰动电压信号，并基于此检测出光伏并网发电系统是否出现孤岛现象；如国家电网公司于2017年提出的一种台区反孤岛保护系统（公开号为CN106992505A），其包括载波信号发生器和载波信号检测器，所述的载波信号发生器发出经调制后的载波信号至低压电网中，所述的载波信号检测器从并网点处检测低压载波信号并根据是否检测到载波信号判断是否存在孤岛，及时断开分布式电源与电网的连接，避免孤岛产生的损害。

而孤岛检测设备所涉及的检测方法也无外乎是远程孤岛检测法和本地孤岛检测法两种，大多数涉及整体模块的改进的专利申请也同时要求了对相应的检测方法的保护，如欧利生电气株式会社在2007年提出一种三相电压馈电交流电/直流电转换器（公开号为JP2007236083A），转换器的设计监视AC端子的电压幅度或频率，中断AC电力系统并且当超过规定的阈值时可靠地检测到形成孤岛操作，其中也涉及相应的一种用于AC端子的电压幅度或频率，以判断孤岛产生的方法；如华为技术有限公司在2016年提出的一种逆变器的孤岛检测装置和供电系统（公开号为CN107765108A），其装置在于设置谐波检测单元，用于在所述电压总谐波畸变率大于电压总谐波畸变率的设定阈值时，确定检测到所述逆变器发生孤岛效应，其同时也要求保护了与装置相对应的一种逆变器的孤岛检测方法。

而涉及采集部分改进的专利申请主要是针对涉及孤岛检测主要参数的采集部件的改进，如山东电力研究院于 2011 年提出的一种新型孤岛检测系统（公告号为CN201975801U），包括一个可控短路器，该可控短路器设有一个隔离变压器，隔离变压器与数据采集处理模块连接，可控短路器内的晶闸管在其端电压每周波内瞬时性导通，产生周期性短路脉冲电流；可控短路器内的数据采集处理模块时刻对晶闸管瞬时导通产生的短路脉冲电流进行检测分析，可以迅速准确，对系统参数依赖小；如江苏方程电力科技有限公司在 2015 年提出一种用于微电网发电系统的孤岛检测电路（公告号为CN205355824U），所述检测电路包含有从主电网进行取样的采样电路，所述采样电路将采样信号经隔离电路、滤波电路、波形转换电路和光耦隔离电路后输入 DSP 处理器，借助微电网发电系统智能处理单元 DSP 和硬件捕获方式，获取可靠的系统电能频率，能够最大限度削弱杂散波，进行关键特征识别、综合利用并归纳偏置，利用多次隔离分割，降低差模干扰，系统能够通过过零点电路，将正弦波转化为方波给 DSP 处理单元，保证采样及捕获准确可靠和具有强的鲁棒性。

（三）检测方法分析

基于专利申请的数据统计，涉及孤岛检测方法的专利申请一共有 279 件，其中本地孤岛检测法占了大部分；涉及远程孤岛检测法的专利申请数据量较少，因而不再进一步细分。在本地检测法中，涉及主动检测法比较多，占据涉及孤岛检测方法专利申请量的52%，而被动检测法占 23%，复合检测法占 12%，具体参见图 6，接下来分别对该四种检测方法进行逐一分析。

1. 远程孤岛检测法分析

远程检测法主要有断路器跳闸信号检测、电力载波通信、网络监控数据采集系统等，主要适用于大功率并网系统。如国家电网公司在 2012 年提出的一种分布式能源的孤岛检测方法（公开号为 CN104764960A），其装设在分布式电源侧的控制终端对该分布式电源进行同步测量频率，并打上时标，将同步测量频率数据通过 3G 网络发送到公用电网侧，装设在公用电网侧的控制终端对公用电网进行同步测量频率，并打上时标，同时接收分布式电源侧上送的同步测量频率数据；装设在公用电网侧的控制终端根据时标计算公用电网侧和分布式电

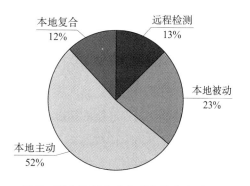

图 6　孤岛检测方法专利申请种类对比

源侧的频差，通过对频差以及频差对应的能量积分值是否超过预定值来判断是否发生孤岛，其实质是进行通过网络监控数据采集的远程孤岛检测法。

如国家电网公司于 2015 年提出的针对大规模风力发电的分层分域防孤岛保护方法（公开号为 CN105391033A），监测装置设置在风力发电系统中的所有断路器跳闸信号，针对大规模风力发电系统，在电源侧高压主网，进行分层分域的孤岛检测及防孤岛保护，具体通过集群主站断路器跳闸信号、升压站变压器断路器跳闸信号、风电场汇集母线断路器跳闸信号和风机馈线断路器跳闸信号分别判断因断集群主站送出联络线及主变全部断开、升压站变压器、判断风电场汇集母线以及风电场集电馈线是否形成的孤岛，从而进行孤岛保护。

如 Michael Ropp 等于 2015 年提出的基于次谐波电力线载波的孤岛检测方法（公开号为 US2017077703A1），包括至少一个分布式能量源，其通过将馈线电耦合到电网的开关选择性地电耦合到电网，使用发射器注入次谐波电压信号通过注入变压器进入电网，该变压器与开关的电网侧上的馈线串联耦合，将接收器耦合在开关的分布式能量源侧，使用接收器检测分谐波电压信号的存在或不存在，用于实现对较高误差抗扰度的孤岛形成的可靠检测。

2. 本地主动孤岛检测法分析

主动式检测方案通过在系统中有意引入扰动信号来监控系统中的电压、频率或阻抗数值上的变化，以确定主电网的存在与否，其主要方式有输出功率变化法、频率偏移检测法、滑模频漂检测法以及脉冲电流注入检测法。

输出功率变化法是最常见的主动检测法，通常对系统注入无功/有功功率后会导致电网频率或者功率因数发生变化，因而可以通过注入无功/有功功率后的电网频率参数或者功率因数来判断是否发生孤岛，而在专利申请中，注入无功功率进行孤岛检测是比较常见的一种手段，如欧姆龙公司于 2007 年提出的孤岛检测方法（公开号为 JP2007168421A），基于系统频率的偏差将无功功率注入到电力系统中，并且在此基础上进行孤岛检测；如伊顿公司在 2009 年提出的通过使用由多个逆变器进行受控无功功率注入检测孤岛的方法（公开号为 US2011115301A1），响应于由所述多个逆变器输出的交流电压的电压和频率中的多个变化来检测孤岛，也通过采用多个逆变器控制器来测量所述多个逆变器中的每个逆变器的逆变器功率因数偏移而单独地检测孤岛。滑模频漂检测法控制逆变器的输出电流，引入一个小的相移扰动，使其与并网点电压间存在一定的相位差，在逆变器与电网连接的情况下，由于电网的钳位作用，逆变器输出的电流与电网电压同相位，输出频率保持稳定且与电网同频，从而降低对电能质量干扰。

主动频率偏移法（Active Frequency Drift Method，AFD 方法），通过改变注入电网的电流频率，使得在孤岛运行时，电网电压的频率会不断地上升或下降，偏离谐振频率，直至超出允许范围，这是主动检测法中的重点和难点，该方法的专利申请量也仅次于功率注入法，如东南大学的郑建勇等人于 2007 年提出的基于主动频率偏移的孤岛效应检测方法（公开号为 CN101123349A），通过周期性地向电网施加干扰，使得在发生孤岛运行以后电压频率以最快的速度偏移至正常范围以外，以缩短检测时间；如南京亚派科技实业有限公司在 2011 年提出一种基于负载特性的孤岛检测方法（公开号为 CN102222932A），通过实时对电网电压、电流相位检测，判断电网负载特性，对不同负载特性选择不同的偏移方向，将信号偏移量与给定频率相比较，产生新的给定参考信号送给逆变器，作为控制信号，以实现孤岛检测。而主动频率偏移法对电网干扰比较大，因而学者们提出了主动频率偏移正反馈法（Active Frequency Drift with Positive Feedback，AFDPF 法），通过正反馈改变频率偏移量，加速并网电流频率的偏移。

主动频率偏移正反馈法除了传统正反馈频率偏移还包括双重正反馈主动频率偏移方法以及改进型正反馈主动频率偏移，均是为提高孤岛检测速度而提出的。如清华大学深圳研究生院在 2008 年提出的光伏并网发电系统的孤岛运行检测方法（公开号为 CN101257209A），通过双重正反馈主动频率偏移方法计算并网电流指令的频率信号，并输出该频率信号，所述双重正反馈主动频率偏移方法是，将获得的并网点的电压的频率相对于平均频率的偏移作为第一正反馈，并将频率偏移的变化趋势作为第二正反馈，调节第一正反馈的反馈放大系数，当频率偏移减小时，令该反馈放大系数为一设定常数，当频率偏移增大时，使该反馈放大系数增大，以进一步加速并网电流频率的偏移速度。如东南大学的郑飞等人在 2011 年提出的一种光伏并网系统的孤岛检测方法（公开号为 CN102255329A），通过检测公共耦合点 PCC 处电压频率朝某方向的变化次数，从而自适应分段调节频率偏移正反馈系数，加速频率偏移，且若该变化次数的绝对值超过 12 次，公共耦合点 PCC 处电压频率仍未越限，则施加持续 2 个工频周期的负脉冲电流幅值干扰，触发欠压保护，从而检测出孤岛。如北京昆兰新能源技术有限公司在 2012 年提出的一种改进型正反馈主动频率偏移孤岛检测法（公开号为 CN102608496A），申请人发现正反馈主动频移偏移法的缺点在于初始偏移方向单一，当电网发生故障时，频率的变化方向可能与扰动信号方向相反，这会导致频率的误差累积较慢，从而延长孤岛检测时间，其考虑了不同的负载特性，能够根据负载特性迅速定位扰动方向，具体为通过检测电网公共点的当前频率，将当前频率与上次频率进行比较，获取电网公共点频率变化；计算频率扰动量，判断频率扰动量是否超出频率阈值范围，若是，则电网出现孤岛。如 ABB 公司在 2014 年提出的一种用于检测三相电网中的三相孤岛状态的方法（公开号为 US2015311781A1），所述方法包括：由具有输出频率的电源组件向三相电网中供电；通过频率基准信号控制电源组件的输出频率，所述频率基准信号适用于使所述电源组件的输出频率与电网频率偏离，所述电网频率表示公共电网的频率，所述公共电网的一部分所述三相电网处在正常运行状态；以及如果所述电源组件的输出频率退出容许的值范围，则检测所述电网中的三相孤岛状态。在电网的正常运行状态期间，频率基准信号取决于电源组件的有功输出电流。

滑模频率偏移法也是通过引入正反馈来减少孤岛检测的盲区，其是对逆变器的输出电流的相位而不是频率进行扰动。如京东方科技集团股份有限公司等在 2012 年提出的孤岛检测方法（公开号为 CN102723735A），其采集发电系统并网点的电压信号，并提取其相位信息，根据所述相位信息采用二次函数的方式构建滑模频率偏移孤岛检测曲线；根据所述滑模频率偏移孤岛检测曲线生成扰动信号并发送至发电系统的逆变器，并基于扰动状态下的电压峰值进行孤岛检测。而传统的滑模频率偏移法因为受线路阻抗的影响而存在检测盲区和反应速度慢等问题，因此，中国科学院电工研究所雷鸣宇等人在 2014 年提出了用于光伏发电并网逆变器集群系统的孤岛检测方法（公开号为 CN103941118A），逆变器集群系统发生孤岛，且并网点电压频率降低时，对传统滑模频率漂移法电流与电压相位差进行修正，加入误差补偿角，从而抵消线路阻抗对滑模频率漂移法检测盲区和反应速度造成的影响，提高孤岛检测的可靠性。

脉冲电流注入检测法，通过对逆变器的输出电流进行扰动，使得输出电流幅值改变，则负载上的电压随之改变，并根据电压的变化达到欠电压范围即可检测孤岛的发生。如英斐能源股份有限公司在 2011 年提出的用于监视用于防孤岛状态的阻抗变化的交流（AC）线的方法（公开号为 US2012306515A1），在连接到 AC 电网的分布式并网发电系统的 AC 线路中流动的 AC 电流上叠加音调，其中音调的频率高于电网的 AC 电压波形的频率；应用采样的交流电压波形与叠加音调的副本之间的相关性以产生相关信号，其中通过在将音调叠加在交流电流上之后对交流电压波形进行采样来获得采样的交流电压波形，确定是否发生相关信号的特征中的至少一个变化，从而检测到电网阻抗的变化，实现孤岛检测。如通用电气公司在 2011 年提出的功率转换器孤岛检测（公开号为 US2013076134A1），其设置有电流调节器，部分基于第一直流（DC）电压信号、所述至少一个 AC 电流信号和第一 AC 电压信号来输出至少一个分量信号，其中所述至少一个分量信号的一个或多个在正反馈回路中提供，并且指示孤岛条件。通常电流注入会对负荷造成冲击，因而邢筱丹在 2015 年提出了一种基于电压谐波畸变率和电压不平衡度的负序电流注入式孤岛检测方法（公开号为 CN106877392A），其在电网正常运行情况下不注入负序电流，而在电网异常情况下注入负序电流，通过合理投切负序电流注入，降低了对电网的干扰。

3. 本地被动检测法分析

本地被动检测法主要利用电压幅值、频率、相位、谐波等参量的变化情况来识别孤岛，主要包括过/欠压和过/欠频检测法、电压谐波检测法和电压相位突变检测法（Phase

Jump Detection，PJD）等。

过/欠压和过/欠频检测法是通过检测公共耦合点的电压幅值和频率，当超过正常范围时判断孤岛的产生。如通用电气公司在 2003 年提出的一种用于检测电网从馈电线断开的方法（公开号为 US2008238215A1），通过欠/过频程序和欠/过压程序中的任一个或二者进一步确定孤岛发生并且断开系统。如艾思玛太阳能技术股份公司在 2014 年提出的用于检测电网中的孤岛情况的方法（公开号为 DE102014108706A1），其具体为确定电源的频率网络；确定具有变化率的绝对值的频率变化率；分析频率变化率并确定是否在预定的第一周期大于预定的第一阈值；分析频率变化率并确定是否在预定的第二周期内大于预定的第二阈值，其中第一阈值相等到第二阈值和/或第一时间段等于第二周期；当频率变化率在至少第一周期大于预定的第一阈值时至少大于预定第二阈值的第二时段和第二时段内的第一时段，判断供电网络中存在孤岛现象。

电压谐波检测法是通过检测并网逆变器的输出电压的总谐波失真是否超限来判断孤岛的发生。如华北电力大学的马静等人在 2011 年提出的一种基于电压谐波畸变率正反馈的孤岛检测方法（公开号为 CN102270854A），本发明在分布式并网发电系统并网控制原理的基础上加入电压谐波畸变率正反馈回路，利用滑动数据窗计算微网电压谐波畸变率 H 曲线与时间轴包围的面积 S，并根据面积 S 的大小判断是否发生孤岛。如华为技术有限公司在 2016 年提出的一种逆变器的孤岛检测方法（公开号为 CN107765108A），针对交流端口输出的交流电压信号进行谐波分析，得到各次电压谐波和各次电压谐波的变化率；基于各次电压谐波和各次电压谐波的变化率，确定电压总谐波畸变率；在所述电压总谐波畸变率大于电压总谐波畸变率的设定阈值时，确定检测到所述逆变器发生孤岛效应。

电压相位突变法是通过检测光伏并网逆变器的输出电压和电流相位变化来检测孤岛现象的发生。如昆明理工大学的董俊等人于 2013 年提出的一种基于广域信息电压相位差比较式孤岛检测方法（公开号为 CN103296643A），在含 DG 的分布式并网发电系统并网运行过程中，采用多点信息量完成安全监视、稳定边界计算等，各分布式发电系统（Distributed Generation，DG）出口处配电开关监控终端（Feeder Terminal Unit，FTU）实时监测其电压相位突变量，并决定是否申请获取公共耦合点（Point of Common Coupling，PCC）节点处电压相位信息，若申请有效，则该 FTU 经延时获取 PCC 处电压相位，并与自身电压相位作差比较，若相位差超过阈值，判断 DG 处于孤岛运行状态。如阳光电源股份有限公司在 2014 年提出的一种孤岛检测方法（公开号为 CN104090195A），通过同时检测一个检测周期内采集的逆变器并网点的电压相位突变情况和电压频率突变情况，当判断出电压相位突变值大于第一阈值且频率突变值大于第二阈值时，才确定发生孤岛，提高了抗干扰能力。

4. 本地复合检测法分析

本地复合检测法顾名思义是本地主动式孤岛检测法和被动式孤岛检测法的组合，其是基于克服被动检测法准确度不高以及主动检测法会引入干扰而提出来的，一般为采用两种检测方法进行同时检测，如田渊电机株式会社于 2009 年提出的一种分布式供电系统的单独运行检测方法（公开号为 JP2011097731A），其采用了被动检测和主动检测结合的方法，具体为独立操作检测装置的独立操作确定单元通过组合使用被动系统和有源系统的方法来检测分布式电源的独立操作状态。被动方法是用于在分离操作时检测电压相位和频率的突然改变的方法，所述电压相位跃变的检测方法，所述三次谐波电压失真浪涌检测方法中，有一个频率变化率检测方法等；而主动的方法是有源信号的产生和注入单元产生的基波电流和从将电压检测部同步地检测到与系统电压，谐波电流的电网互连点的电压中的谐波电流作为到逆变器单元的有效信号并将其注入系统再由电压检测部检测出的电网互连点的电压的检测信号，商用电源停止判定逆变器单元是否处于孤岛状态并且将确定信号输出到电网互连保护装置。还有利用两种方法进行双重检测，如东北大学的孙秋野等人于 2012 年提出的一种多进程的孤岛效应检测方法（公开号为 CN102624027A），其先采用被动孤岛检测方法对系统进行快速的判断，如果分布式并网发电系统处于孤岛状态，则迅速将系统从电网中切除；如果判断分布式并网发电系统为正常并网运行状态，则调用主动检测对被动检测的结果进行复核。这样既能够充分发挥被动检测的具有快速性、对电网谐波污染小的优势，也可以充分发挥主动检测的检测准确度高的优势。还有根据不同条件选择不同的检测方法，如雅达电子国际有限公司在 2013 年提出的一种用于检测并网逆变器中的孤岛效应条件的方法（公开号为 US2014247632A1），申请人发现在不平衡负载条件期间，无源方法可以比有源方法更快地检测到可能的孤岛效应条件；因而具体设置电控制电路可以同时使用有源方法和无源方法来检测可能的孤岛效应条件；在平衡负载条件期间，通过扰动 AC 输出电流的有源方法检测孤岛效应条件，在不平衡负载条件期间，通过频移的无源方法检测孤岛效应条件。

五、技术功效分析

通过前面的技术分析可以得知，传统的远程孤岛检测法检测时间比较长，而本地被动孤岛检测法检测速度慢、存在较大的检测死区，本地主动孤岛检测法控制较复杂，且降低了逆变器输出电能的质量。因而，各项专利申请提出的改进也正是相应地解决其方法存在的问题，达到了对应的功效。通过对结果的分析可以得出，孤岛检测技术的四个技术构成主要涉及了五项功效，分别为：减少盲区、提高速度、提高电能质量、适应性强以及提高可靠性。其中减少盲区包括非检测区小和避免检测死区等；提高速度包括了速度快、响应快和检测时间短等；提高电能质量包括了谐波影响小、畸变率低、减少对功率因素影响、扰动小以及抗干扰等；适应性强包括易于实现、适用范围广，工程应用性等；可靠性包括有效、准确、安全、稳定和高效等，具体形成的孤岛检测技术－功效矩阵图如图7所示。

从图7中可以看出，五项功效在四个技术构成上均有体现。本地复合检测法主要集中在减少盲区、提高速度以及提高可靠性上；本地主动孤岛检测法主要集中在提高速度、提高电能质量以及提高可靠性上；本地被动孤岛检测上在各项功效上体现的比较均匀；远程孤岛检测法主要集中在提高可靠性和提高速度上。从图7可以看出，提高速度、提高电能质量和提高可靠性是申请关注的重点，而适应性这个方面的申请量相对较小，可以作为今后技术发展的一个突破点。

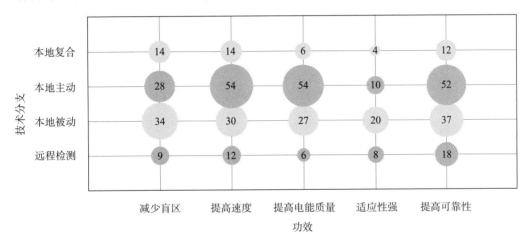

图7 孤岛检测技术功效矩阵图

注：图中数字表示申请量，单位为件。

六、技术路线分析

对孤岛检测技术路线的分析见图8。

在减少盲区方面，通用电气公司在2003年提出一种电网连接的电力系统的岛化检测方法（公开号为CN101019293A），将相位跃变、欠/过频和欠/过压保护相组合，假如电网连接分布式发电机和负载之间的功率失配超出阈值则使用相移程序确定电网断开，并且如果任何功率失配均未超出阈值则使用欠/过频程序和欠/过压程序中的任一个或两者；上海航锐电源科技有限公司在2009年提出基于输出电流频率扰动的抗孤岛效应保护方法（公开号为CN101488664A），包括两种减小传统频率扰动方法的检测盲区的方法，一是加大频率扰动的周期，采用此方法可以用相对较小的频率扰动幅度，另一个方法采用间歇性频率扰动的方法，插入不施加扰动的时段，此时段内系统工作频率为负载的谐振频率，系统根据谐振频率与特定的频率基值比较的结果来确定扰动的方向；南京南瑞继保电气有限公司和南京南瑞继保工程技术有限公司在2017年提出一种分布式电源综合防孤岛保护系统及方法（公开号为CN107294128A），通过硬接点或网络通信配合的方式在防孤岛保护装置中实现综合防孤岛保护功能，N台逆变器的主动式防孤岛保护功能只要有不少于M台同时发出主动式防孤岛保护动作信号，防孤岛保护装置即跳闸出口，切除公共连接点处开关，即逆变器的主动式防孤岛保护与公共连接点的防孤岛保护装置相配合。这些技术手段均能够减小盲区，从而达到扩大检测区和避免检测死区的目的。

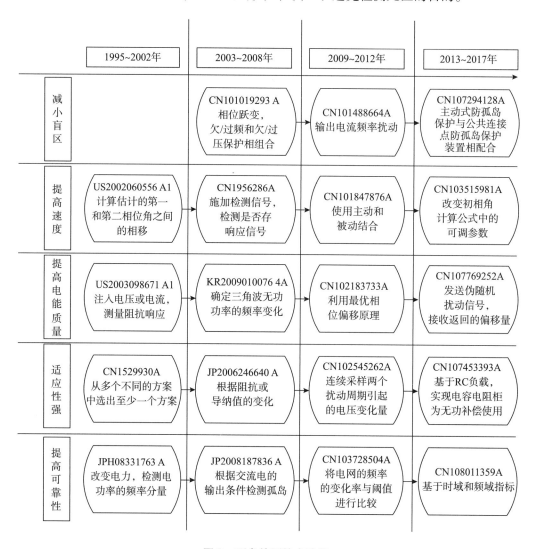

图8 孤岛检测技术路线

在提高速度方面，开普斯顿涡轮公司在2000年提出电力系统的发电机系统控制方法（公开号为US2002060556A1），使用具有第一带宽的第一锁相环估计所测量的频率特性的第一相位角，使用具有大于第一带宽的第二带宽的第二锁相环估计所测量的频率特性的第二相位角，计算估计的第一和第二相位角之间的相移，并根据计算出的相移确定发电机系统是否在发电岛内；通用电气公司在 2005 年提出一种电力网孤岛检测设备（公开号为 CN1956286A），电力网孤岛检测设备在发电站处监控不同于电力线电压的检测信号，并在发电站外部的网点处将检测信号加到电力线电压上，在确定不存在检测器响应的信号时将发电站从并网运行模式转变为孤岛运行模式；上海理工大学在 2010 年提出一种三相光伏并网逆变系统（公开号为 CN101847876A），使用主动和被动结合的检测方法，在公共耦合点注入有功功率和无功功率，如果系统不能提供负载所需要的有功功率，则会引起输出电压的变化，这时系统输出频率会发生改变，通过过压、欠压检测和过高频率、过低频率检测判断是否发生孤岛效应；沈阳工业大学在 2013 年提出并网光伏发电系统及其自动式相位移孤岛现象检测方法（公开号为 CN103515981A），在传统滑差式频率位移法的基础上，重新设计初相角与频率之间的关系函数，引入一个可调参数，并增加相位平衡点的判断程序，系统一旦进入相位平衡点，则通过改变初相角计算公式中的可调参数，即可达到跳出相位平衡点的目的，同时增加频率变化方向的判断程序，以加快孤岛现象的检测速度。这些技术手段均提高检测效率，从而达到节约时间的目的。

在提高电能质量方面，威斯通全球技术公司在 2001 年提出一种分布式发电系统的开路条件检测方法（公开号为 US2003098671A1），将电压或电流信号注入系统，以便可以测量所得到的阻抗响应，如果在任何相上测量的阻抗的幅度或相位角超过预定阈值或偏离期望范围，则可以指示孤岛状态；明知大学校产学协力团等在 2008 年提出用于电力系统的分布式并网发电系统（公开号为 KR20090100764A），该系统具有分布式发电机，用于向系统互连逆变器提供对应于 1% 有功功率的三角波无功功率，确定三角波无功功率的频率变化，并独立地将有功功率提供给负载；河海大学在 2011 年提出一种改善电能质量的光伏并网逆变器孤岛检测方法（公开号为 CN102183733A），利用最优相位偏移原理对电网电压进行相位修正，对频率进行多偏移量偏移；国家电网公司等在 2017 年提出一种分布式发电系统的孤岛检测方法、设备及系统（公开号为 CN107769252A），其根据预设的时间间隔依次向多个逆变器发送伪随机扰动信号，接收返回的偏移量，并根据偏移量和预设的偏移量阈值输出检测结果，且当检测结果为存在孤岛时，向发电装置发送断开指令，使发电装置停止馈电，获取多个逆变器并网母线处的偏移总量，根据偏移总量调整预设的时间间隔。这些技术手段实现了减少谐波影响、减小功率因素和降低畸变率等技术效果，从而达到提高电能质量的目的。

在适应性强方面，佳能株式会社在 2001 年提出一种孤岛操作检测方法（公开号为 CN1529930A），安排了具有多个检测其中来自系统电源的供电被停止的岛操作状态的不同方案的孤岛操作检测装置，并且至少一个方案从多个执行装置中被选出并运作；日新电机株式会社等在 2005 年提出一种分布式电源的独立运行检测器（公开号为 JP2006246640A），方波电压发生器产生两倍于配电系统基波数量级的非整数的方波电压，并且串联电容器对来自发电机输出的方波电压进行微分和输出，供电停止检测器根据阻抗或导纳值的变化检测来自高阶系统的电力供应的停止；华北电力大学在 2012 年提出一种计及电能质量约束的光伏并网发电系统孤岛检测方法（公开号为 CN102545262A），使光伏并网发电系统的输出电压按指令周期性发生变化，在检测时，连续采样两个扰动周期引起的光伏并网发电系统并网点电压变化量，通过并网点电压的波形变化判断孤岛是否发生；国家电网公司等在 2017 年提出一种基于 RC 负载的台区防光伏并网逆变器孤岛保护装置（公开号为 CN107453393A），通过改造现有的无功补偿电容电阻柜实现正常情况下电容电阻柜为无功补偿使用，一旦检测识别该台区为孤岛状态，立刻停止无功补偿功能，进入投切电容、电阻扰动防孤岛逻辑判断状态。利用上述技术手段，可达到具有适应性强的效果。

在提高可靠性方面，东京电力株式会社等在 1995 年提出一种用于检测分散式发电机的孤岛运行的方法和装置（公开号为 JPH08331763A），改变所述电力系统的电力，检测电功率的频率分量，并且如果频率分量的变化变得大于预定值，则判定执行分散的发电机的孤岛运算；三洋电机株式会社在 2007 年提出一种孤岛检测方法（公开号为 JP2008187836A），输出控制器根据用于检测孤岛的有效变化量来改变交流电的输出条件，检测器根据交流电的输出条件检测孤岛，当电力故障信息包括指示与配电系统所属的区域不同的区域的局部区域信息时，输出控制器改变有源变化量以增强孤岛的检测灵敏度；ABB 公司在 2012 年提出一种用于检测分布式发电机的孤岛运行的方法（公开号为 CN103728504A），确定与分布式发电机连接的电网的频率、测量分布式发电机的输出处的电网的频率的变化率、确定针对变化速度的阈值、将电网的频率的变化率与阈值进行比较以及当测得的频率变化率超过阈值达一定时间段时检测孤岛运行；东南大学在 2017 年提出一种用于分布式电源的孤岛保护装置及其检测算法（公开号为 CN108011359A），通过在分布式电源的公共接入点并入降压变压器、限流电感和晶闸管组成的可控短路电路，在电网电压过零时接入电网，从而借助公共连接点在连网和脱网状态下短路容量的不同将产生不同的短路电流大小和电网电压谐波水平，本发明基于时域和频域指标可可靠判定孤岛是否发生。利用上述技术手段，可达到提高检测可靠性的效果。

七、研究发展方向

本地孤岛检测中的被动检测法对发电系统的电能质量和稳定性没有影响，但存在较大的检测盲区；主动检测法有了很大程度的改善，但由于引入了扰动，对电能质量和暂态响应有一定的影响。鉴于并网发电系统的发展前景，对孤岛检测方法的研究还有很大的空间，如何将不同的孤岛检测方法结合使用并达到满意的检测效果将是后续研究的重点。

（一）向新型被动检测法研究发展

目前传统被动孤岛检测法的检测盲区很大，如过/欠压和过/欠频检测法，当逆变器的输出功率与所带负载接近匹配时，则电网断电后公共点的电压频率变化非常小，此时采用该方法就无法检测出孤岛，存在较大盲区，若不与其他技术配合使用，很难达到有效检测；电压谐波检测法有存在检测盲区和检测阈值难以确定的缺点；电压相位突变检测法方面，当本地负载为纯阻性或其阻抗角很小时，相位差几乎无变化，该方法也无法有效检测出孤岛，在投切感性容性负载或启动电动机的过程中将会有较大的瞬间相位跳变，容易引起误判，这也使得相位差的阈值很难确定。

在传统被动检测法中，公共耦合点处电压、频率、相位等一系列的电参数的检测精确与否对于最后孤岛检测的成败起着非常重要的影响，因此，发展新型被动检测法是未来孤岛检测技术主要方向，如基于数字挖掘的孤岛检测法，主要是将具有统计学思想的分类算法引入检测中，以优化整定检测阈值的方法使检测盲区得到减小；基于小波分析的检测法，对采集的信号进行处理；基于 S 变换的检测法，对采集的信号进行处理，可以通过对公共耦合点电参数做出合理的判断和对扰动信号的大小、方向进行统一的选择来在一定程度上提高检测的实效性。今后将会有更多的智能控制算法逐渐被应用于孤岛检测方法中，可进一步提高检测的时效性、准确性、可靠性。

（二）向多机并联情况下的研究发展

就目前研究来看，现在许多孤岛检测方法都是基于单机进行理论分析的。但是实际工程应用中，往往是把多台逆变器通过并联的方式并网接入大电网运行，这样每台逆变器之间存在差异（例如输出功率的不同和接入方式等方面），相互之间会出现使用主动检测法时由于添加扰动方向的不一致而导致扰动信号相互抵消，最后造成检测失败。所以今后需要针对多逆变器的并联运行进行研究，对不同规模的并网系统和各自的检测算法进行相应的分析、研究，使单机运用成熟的一些检测方法能够在多机情况下同样适用，顺利完成孤岛检测的实效性要求。

（三）多种检测方法的有机结合

由于各种孤岛检测方法均存在着一定的缺点或者局限性，因此对各种方法有机结合则可以扬长避短，充分发挥各种方法的优点。由于当孤岛发生瞬间分布式并网发电系统所带负载有功功率变化不大时，其端电压相位偏移量很小，检测装置无法区分孤岛与非孤岛，仅靠检测相位偏移不能解决灵敏度和误动的矛盾，因此，将基于不同原理的孤岛检测方法组合使用，更易获得好的检测效果，这是孤岛检测未来发展的一个方向。比如利用功率不匹配情况下的基于负序电流法和功率匹配时的正反馈频率偏移法相结合的方法，这样既可以提高电能质量，同时也可以在功率匹配时及时、准确地在低谐波等情况下完成孤岛检测。

八、发展展望

目前国内外已进行大量的研究，分别以不同的理论为基础，利用不同的手段提出了多种孤岛检测的方法，但随着对新能源发电的日益重视，人们对其供电可靠性的要求也在逐步提高，因此孤岛检测技术需要更多的企业和学者给予进一步的研究。本技术综述基于专利申请对并网发电系统的孤岛检测技术脉络进行梳理以及对其各个技术分支进行重点分析，为相关领域技术人员利用专利技术综述全面了解相关背景知识，理解技术实质并对把握技术发展趋势提供帮助，并能为在专利审查实践中有效指导审查工作提供技术基础依据。

参考文献

［1］ Ackerman T，Anderson G，Seder L. Distributed Generation：A Definition ［J］. Electric Power System Research，2001，57（6）：195 – 204.

［2］ 谢东. 分布式发电多逆变器并网孤岛检测技术研究 ［D］. 合肥：合肥工业大学，2014.

［3］ 李菲. 光伏并网发电系统中孤岛检测方法研究 ［D］. 成都：西华大学，2015.

［4］ 杨富磊. 分布式并网发电系统的孤岛检测方法研究 ［D］. 吉林：东北电力大学，2016.

［5］ 程启明，王映斐，程尹曼，等. 分布式发电并网系统中孤岛检测方法的综述研究 ［J］. 电力系统保护与控制，2011，39（6）：147 – 154.

［6］ 宝海龙. 微电网孤岛保护及控制策略的研究 ［D］. 天津：天津大学，2013.

［7］ 袁玲，郑建勇，张先飞. 光伏发电并网系统孤岛检测方法的分析与改进 ［J］. 电力系统自动化，2007，31（21）：72 – 75.

［8］ 林明耀，顾娟，单竹杰，等. 一种实用的组合式光伏并网系统孤岛效应检测方法 ［J］. 电力系统自动化，2009，33（23）：85 – 89.

大规模可再生能源并网稳定性控制专利技术综述[*]

大规模可再生能源并网稳定性控制专利技术综述[*]

赵楠 李燕斌[**] 秦媛媛[**] 王会丽[**] 戚林锋[**] 杨钊 姜宗月

摘　要　可再生能源作为一种新能源，具有绿色、清洁、可循环使用的特点，是世界各国在能源领域的研发重点。本文对可再生能源并网稳定性控制技术的全球及中国的专利申请进行分析，针对大规模可再生能源并网稳定性控制的四个关键技术——抑制波动与闪变、发电功率预测、有功功率控制和低电压穿越的发展脉络进行梳理，得出大规模可再生能源并网稳定性控制技术的专利发展状况，为国内创新主体提出相关建议。

关键词　可再生能源　风能　太阳能　水能　并网　稳定

一、概述

（一）研究背景

可再生能源是指在较短时间内通过地球的自然循环不断补充的能源，具有取之不尽、用之不竭的特点，主要包括太阳能、风能、水能、生物质能、地热能和海洋能等非化石能源。它对环境无害或危害极小，资源分布广泛，适宜就地开发利用。

可再生能源的消纳方式主要包括两种：一种是离散式开发，分散接入地消纳；另一种是规模化开发，高电压等级集中式接入，远距离外送消纳。前者在微网环境下能够充分利用各种分散分布、方便获取的临近用户的可再生能源，如太阳能、风能、水能等；后者主要是一种或者多种可再生能源混合形成规模化的发电单元接入主电网运行。我国风能、太阳能资源主要集中于西北地区，而电力负荷中心则主要集中在东南沿海地区，这就决定了我国可再生能源的规模化开发必须通过电网在全国范围内优化配置。

1. 大规模可再生能源并网

可再生能源的开发利用需要通过一系列的可再生能源发电系统和装置设备，以大规模高集中度并网的形式，将可再生能源转化成电能。可再生能源并网是指在电网调度控

---

* 作者单位：国家知识产权局专利局专利审查协作天津中心。

** 等同第一作者。

制的情况下，将由可再生能源生产的电能通过并网系统与传统能源发电得到的电能一起并入到电网中，为地区电网提供电量。现阶段能够实现并网的可再生能源主要包括太阳能、风能等。详情如图1所示。

图1　可再生能源并网过程

2. 大规模可再生能源并网稳定性控制技术

在国家可再生能源发展战略的指导下，风电场、光伏电站已呈现出规模化发展的趋势，由小规模分散开发、低压接入、就地消纳，向大规模高集中开发、中高压接入、高压远距离外送消纳的方向发展。然而，可再生能源发电系统在为我们节约资源、降低污染、提升效益的同时，也影响了电网供电的稳定性。虽然我国可再生能源的发电规模不断扩大，但由于风能、太阳能等可再生能源具有间歇性发电的特点，因此可再生能源发电系统产生的电能在并网时会影响到电力系统的稳定运行。因此，需要相应的技术来调整可再生能源发电系统的适配性，使可再生能源发电系统所产生的电能在实现安全并网的同时，保证电能质量与发电效率。可再生能源并网稳定性控制技术是在并网过程中保证电能质量与发电效率的关键技术之一，在这些控制技术中，电压调节、抑制波动与闪变、发电功率预测、有功功率控制、低电压穿越、逆变器控制技术等技术是现阶段的常用技术。

（二）研究对象

由于可再生能源发电并网会对配电网产生一定的影响，出现电压偏差、电压波动与闪变等情况，威胁到电网运行的稳定性、可靠性和安全性。因此，为消除此类影响，在并网前必须对可再生能源发电配电系统进行合理规划，充分分析电压波动与谐波污染对电网运行产生的影响，采取一定措施提高电能输出质量。

从对相关技术的利用情况角度分析，以及对目前相关论文的查阅中发现，提高可再生能源并网稳定性的主要对策在于抑制波动与闪变、发电功率预测、有功功率控制以及对低电压穿越能力的改善。

1. 抑制波动与闪变

并网机组输出功率的波动导致有功电流和无功电流随之变化，从而引起电网电压波动和闪变。机组启动并网、退出运行、风速变化、塔影效应、云层遮挡等均可能引起并网机组输出功率的变化，导致电压波动与闪变。目前，大部分用于改善和提高电能质量的补偿装置都具有抑制电压波动与闪变的功能，如静止无功补偿器（SVC）、有源电力滤波器（APF）、动态电压恢复器（DVR）和电能质量统一控制器（UPFC）等。

2. 发电功率预测

随着可再生能源发电功率总量的增加，可再生能源的间歇性和随机性与电力系统所需的平衡性之间的矛盾日益凸显，可再生能源发电功率预测技术越来越受到关注和重视。通过预测可再生能源发电功率，可以提高电网安全性与可靠性，调整和优化电站的发电计划，改善电网调峰能力，减少额外备用容量，提高系统运行经济性。发电功率预测可以通过物理模型、统计模型及人工智能模型等来实现。

3. 有功功率控制

风机的有功功率控制可分为最优转速控制、平均功率控制和随机最优控制三类。最优转速控制又称为最大风功率捕获控制。平均功率控制是利用风机的转动惯量，使变速风电机组的输出功率保持相对稳定。随机最优控制是对最优转速控制和平均功率控制两种控制方式的优化组合。光伏发电的有功功率控制主要依赖于最大功率点跟踪技术。

4. 低电压穿越

低电压穿越是指在并网点电压跌落时，可再生能源发电机组能够保持不脱网，甚至利用该技术可以向电网提供一定的无功功率，支持电网从故障状态恢复，从而穿越这个低电压区域。低电压穿越主要通过转子电路保护、改进励磁控制算法和减小输入功率的方式实现。

（三）研究方法

1. 数据来源

采用的专利文献数据主要来自专利检索与服务系统（Patent Search and Service System，以下简称"S系统"）的CNABS（中国专利文摘数据库）、CNTXT（中国专利全文文本代码化数据库）、SIPOABS（世界专利文摘数据库）、DWPI（德温特世界专利索引数据库）、USTXT（美国专利全文文本数据库）、EPTXT（欧洲专利全文文本数据库）、WOTXT（国际专利全文文本数据库）、JPTXT（日本全文专利数据库）。

采用的非专利文献主要来自：

中文：CNKI（中国知识资源总库）系列数据库、百度搜索引擎；

外文：谷歌搜索引擎。

检索数据截止时间：2018年8月。

2. 检索过程

在检索中，将再生能源的中文关键词扩展为：可再生能源、新能源、风力、风电、风能、光伏、太阳能、水能、生物质能、生物能、地热能；英文关键词主要为：（（or renewable，reproducible）w energy）、photovolt+、photovoltaic、solar、wind？power、wind？energy、water？power、water？energy、hydro？power、hydro？energy、bioenerg+、biomass、biological+energy、geothermal。将并网的中文关键词确定为：并网，接入网络；英文关键词扩展为：interconnect+、synchron+、grid 3w connect+。经过初步检索，通过对分类号进行统计，确定排在前几位关于控制技术相关的分类号作为精确检索使用的分类号，包括：H02J 3（交流干线或交流配电网络的电路装置）、H02M 7（交流功率输入变换为直流功率输出；直流功率输入变换为交流功率输出）、H02J 13（对网络情况提供远距离指示的电路装置，例如网络中每个电路保护器的开合情况的瞬时记录；对配电网络中的开关装置进行远距离控制的电路装置，例如用网络传送的脉冲编码信号接入或断开电流用户）、G01R 31（电性能的测试装置；电故障的探测装置；以所进行的测试在其他位置未提供为特征的电测试装置）、H02N 6/00 与 H02S（由红外线辐射、可见光或紫外光转换产生电能，如使用光伏（PV）模块相关）、F03D（风力发动机相关）。经过检索，共检索到专利申请 4779 项，其中，中国国内专利申请 3852 项，国外以及我国港澳台地区专利申请共计 927 项。

一、专利申请总体情况

（一）全球专利申请情况分析

1. 专利申请趋势分析

可再生能源并网稳定性控制技术的全球专利申请量呈逐年增长的趋势，如图 2 所示（曲线尾部的回落是由于专利申请延迟公开造成的）。自 1980 年起，其技术发展依据专利申请量的情况主要分为三个阶段：萌芽阶段、稳定增长阶段、高速增长阶段。

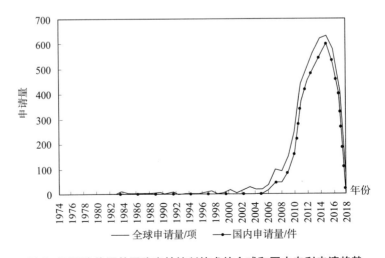

图2　可再生能源并网稳定性控制技术的全球和国内专利申请趋势

萌芽阶段（1980～2000年）：可再生能源并网稳定性控制技术专利申请量比较少。在这个阶段，可持续发展思想逐步成为世界各国的共识，可再生能源的开发和利用受到各国政府的高度重视，许多国家将可再生能源的发展作为能源战略的重要组成部分。可再生能源的概念于1980年联合国召开的"联合国新能源和可再生能源会议"上被提出。该会议具体提出了：以新技术和新材料为基础，使传统的可再生能源得到现代化的开发和利用；以取之不尽、周而复始的可再生能源取代资源有限、对环境有污染的化石能源；重点开发太阳能、风能、生物质能、潮汐能、地热能、氢能和核能。但在当时，由于可再生能源的并网稳定性仍然不能满足其实现商用的条件，各创新主体对其研发和制造的热度不高，尚属于技术的萌芽阶段。

稳定增长阶段（2001～2008年）：可再生能源并网稳定控制技术专利申请量开始呈现出稳定增长的趋势，伴随着计算机等相关技术的发展以及世界各国能源政策的调整，应用级别的可再生能源发电并网逐步成为趋势。专利年申请量稳步提升，但受限于技术和成本，仍无法达到大规模商业应用的条件，因此专利申请量的增长率相对缓慢。

高速增长阶段（2009年至今）：2008年以后，随着计算机等技术的快速发展，可再生能源由于其清洁、无污染、可再生的特点而受到世界各国的更广泛青睐。世界各国都非常鼓励发展可再生能源，并且颁布了一系列的可再生能源政策，可再生能源行业进入了黄金时代。在这种背景下，各创新主体纷纷开始在该领域开展研发并着手进行专利布局。

可再生能源并网稳定性控制技术的国内专利申请量与全球专利申请量趋势基本一致，保持了逐年增长的态势（见图3）。

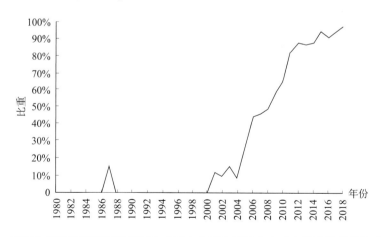

图3　可再生能源并网稳定性控制技术国内专利申请量占全球专利申请量的比重趋势

2001年以后，国内专利申请量所占全球专利申请量的比重越来越大，近年来均达到90%以上。相比于国外，国内可再生能源并网稳定性控制技术的专利申请量在2004年以前较小，一方面是由于国内的相关技术起步较晚，另一方面是由于中国市场较小，在当时尚未引起国外申请人对于中国市场的足够重视。但是，在2004年之后，随着国内技术的发展以及中国经济的增长和可持续发展战略的实施，国内专利申请量开始有了相对较快的增长，特别是在 2008 年以后出现爆发式增长，此后一直保持这种高速增长的态势。

2. 各国专利申请量

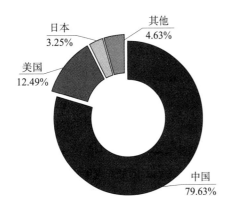

根据对全球各国专利申请量的分析（见图4），中国的专利申请量占全球专利申请量的近八成，其次为美国和日本，分别占比 12.49% 和 3.25%。而包括俄罗斯、德国等在内的其他国家或地区的专利申请量仅占比 4.63%。

由此可见，在可再生能源并网稳定性控制技术领域，中国是创新活跃度最高的国家，而传统的发达国家美国和日本的创新实力也不容小觑。

图 4　可再生能源并网稳定性控制技术的国家或地区全球专利申请量分布

3. 主要申请人排名

如图 5 所示，从数据情况看，全球专利申请量排名前十位的申请人均来自中国，可见中国在可再生能源并网稳定性控制技术领域具有创新优势。其中，国家电网公司是本领域最重要的创新主体，其申请量远远超过其他申请人；而以浙江大学、华北电力大学、东南大

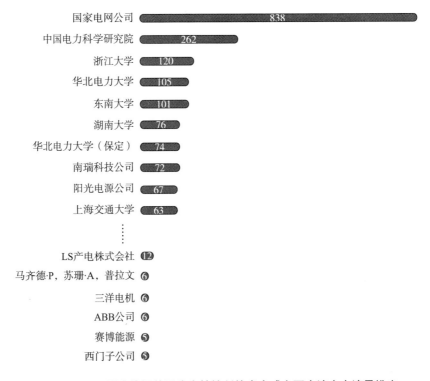

图 5　可再生能源并网稳定性控制技术全球主要申请人申请量排序

注：图中数字表示申请量，单位为项。

学、湖南大学、上海交通大学等为代表的高校，作为重要的申请人，其创新活动也非常活跃；另外，作为国内的上市公司，阳光电源股份有限公司表现也比较突出。从数据上看，相比于全球排名第一的国家电网800余项的申请量而言，国外申请人的申请量较少，总体排名也靠后，而且国外申请人是分散于各个国家的公司，其中表现比较突出的LS产电株式会社也仅有12项申请。因此，总体而言，在可再生能源并网稳定性控制技术领域，中国具有较大的创新优势。

（二）中国专利申请情况分析

1. 申请人国别分布

对于可再生能源并网稳定性控制技术领域，在中国专利申请的申请量按国别分布统计中（见图6），国内申请人占据99%以上的申请量，具有绝对的优势。而在国外申请人中，美国、日本和韩国占据前三位。究其原因，美国、日本和韩国作为技术创新非常活跃的国家，对于可再生能源的开发利用发展较早，重视程度较高，并已经取得了一系列的技术成果，其进入中国市场进行专利布局的意识也比较强。

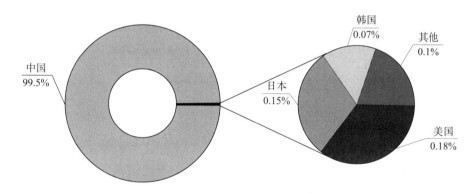

图6　可再生能源并网稳定性控制技术中国国内和来华专利申请的申请量分布

2. 国外申请人全球申请量与中国申请量比较分析

虽然包括LS产电株式会社在内的超过一半的外国申请人在中国进行了有关的专利布局。但同时也注意到，主要的国外专利申请人在全球的专利申请量排名情况与其在中国的专利申请量排名情况不尽相同（见图7）。LS产电株式会社和西门子公司在全球的申请量处在前列，不仅在中国进行了专利布局，同时在其他国家和地区进行了相关的专利布局，足以证明这些公司在本领域内的创新实力。而三洋电机株式会社、ABB公司、通用电气公司等申请人关于该领域的专利申请主要集中在中国，这说明上述公司重视中国市场的发展，也从侧面说明了中国对可再生能源技术的重视程度。

由图7还可以看出，在该领域的主要国外申请人均为跨国公司和大专院校（含科研机构，另外，马齐德·P、苏珊·A、普拉文均为高校研究人员）。其中，又主要以美国、欧洲、日本、韩国的申请人居多，说明这些国家和地区更为重视能源问题。值得注意的是，在来华申请专利的排名靠前的国外申请人中，日本占据了近一半，足以说明日本对可再生能源技术较为重视并积极地在中国市场进行专利布局。

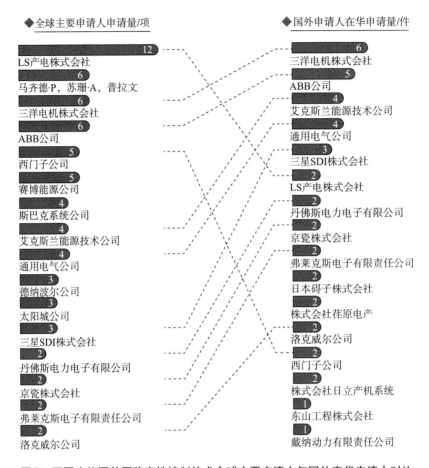

图7　可再生能源并网稳定性控制技术全球主要申请人与国外来华申请人对比

二、技术发展路线

以下针对抑制波动与闪变、发电功率预测、有功功率控制、低电压穿越四个关键技术的技术演进脉络进行了梳理。

（一）抑制波动与闪变

并网机组输出功率的波动会导致有功电流和无功电流随之变化，从而引起电网电压波动和闪变。机组启动并网、退出运行、风速变化、塔影效应、云层遮挡等均可能引起并网机组输出功率的变化，导致电压波动和闪变。在大规模可再生能源并网稳定性控制技术中，抑制波动与闪变的主要装置分为以下几种：静止无功补偿器（SVC/SVG）、有源电力滤波器（APF）、动态电压恢复器（DVR）和电能质量统一控制器（UPFC/UP-QC）。抑制波动与闪变技术演进路线如图8所示。

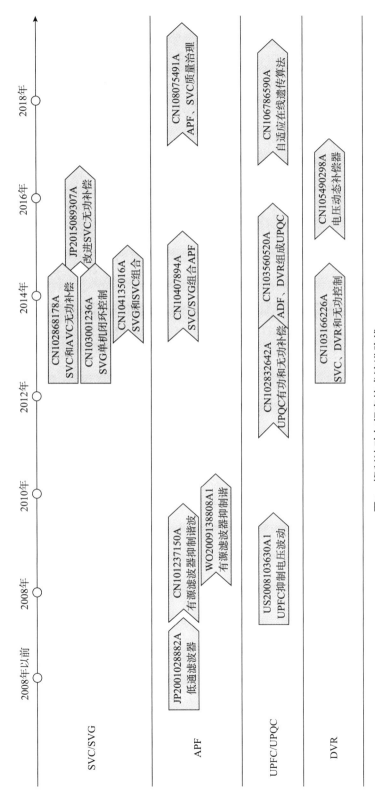

图8 抑制波动与闪变技术演进路线

从图 8 可以看出，抑制波动与闪变技术由利用 APF，逐渐过渡到利用 UPFC、利用 SVC/SVG，进一步发展为利用 SVC/SVG 和 DVR 相结合或者与 APF 相结合的方式，并最终发展成利用多种方式相结合，采用自适应在线遗传算法等先进算法加入到控制器中来实现对波动的抑制。根据前期对相关文献的分析发现，SVC 和 APF 无论理论研究还是应用研究都比较深入，目前依然是国内外申请人关注的热点。而 DVR 和 UPFC 是近年来提出的，相关的申请量还比较少，处于研究的初期。具体分析如下。

1. 有源电力滤波器（APF）

其原理是通过控制电力半导体器件的通断实现对待补偿电流的跟踪，其作为抑制波动与闪变的主要手段，广泛应用在配供电系统及用电系统中。

三菱重工业株式会社在 2001 年公开了利用有源的低通滤波器实现去除电压波动的方法（JP2001028882A），该方法能够有效抑制并网时产生的电压波动。

中山大学在 2008 年公开了一种光伏并网与混合有源电力滤波器一体化装置（CN101237150A），该方法利用混合型有源电力滤波器将无源电力滤波器和有源电力滤波器结合起来，采用无源电力滤波器承担主要的无功补偿和谐波抑制任务，使有源电力滤波器仅仅承受低电压。该装置兼具无源电力滤波器成本低廉和有源电力滤波器性能优越的优点，成为有源电力滤波器发展的主流方向。

紧接着，SLADIC SASA 公司于 2009 年公开了一种利用有源电力滤波器实现无功补偿和谐波抑制的装置（WO2009138808A1）。

湖南大学和长沙博立电气有限公司于 2014 年公开了一种利用传统无功补偿装置并结合 SVC/SVG 的混合有源电力滤波器（CN104078974A），从而实现对于输电线路的谐振抑制。

江苏双登富朗特新能源有限公司和双登集团股份有限公司于 2018 年公开了一种利用 APF、SVC 组合的电能质量治理方法来抑制谐波（CN108075491A），进而改善微电网的电能质量。

2. 静止无功补偿器（SVC/SVG）

其静止是相对于发电机、调相机等旋转设备而言的，其可快速改变其发出的无功功率，具有较强的无功调节能力。当系统电压较低、重负荷时能输出容性无功功率；当系统电压较高、轻负荷时能输出感性无功功率，从而将供电电压补偿到一个合理水平。

北京金风科创风电设备有限公司于 2013 年公开了一种提高并网暂态稳定性的方法（CN102868178A），该方法利用静止无功补偿器 SVC 设计的风电场电压自动控制系统来实现无功功率补偿，从而抑制故障时电压的波动，改善了风机运行环境。

国电联合动力技术有限公司于 2013 年公开了一种基于风电场 AQC 的风电机组的无功调节系统（CN103001236A），该系统利用 SVC/SVG 设备实现了无功补偿，抑制电压波动。

国家电网公司于 2014 年公开了一种 SVG 静止无功发生器与 TSC 型静止无功补偿器并联接入电网系统的无功补偿装置（CN104135016A），该装置可有效避免新能源发电系统并网时对电网造成的不良影响，从而改善了无功补偿效果，提高了电网的电能质量。

随后，通研电气工业株式会社、国立大学和东北大学于 2015 年公开了一种利用静止无功补偿器 SVC 的直流电源控制系统（JP2015089307A），能够实现电压波动的补偿。

3. 电能质量统一控制器（UPFC/UPQC）

电能质量统一控制器（UPFC）综合了串、并联补偿装置的优点，对电压、电流质量问题进行统一补偿。该控制器内置的储能单元可以解决瞬时供电中断和电压波动等动态电压质量问题。

美国的电力研究所有限公司于 2008 年公开了一种用于采用 DC 传输系统改善 AC 传输系统的方法（US20080103630A1），该方法利用 UPFC 统一功率流控制器来实现提供稳定的 AC – DC – AC 功率，从而实现对输电系统的谐波抑制。

湖南大学在 2012 年公开了一种微源并网电能质量控制系统控制方法（CN102832642A），该方法利用串联型有源电力滤波器和并联型有源电力滤波器串联组成的统一电能质量控制器实现微网并网运行时的故障限流、谐波处理、电压支撑、光伏发电等功能。该方法通过有源电力滤波器 APF 和统一电能质量控制器 UPFC 实现有功和无功的补偿，能够达到有效抑制谐波的效果。

随后，山东大学和中国电力科学研究院于 2014 年公开了一种由 APF 和 DVR 组成的统一电能质量控制器（CN103560520A）。在该控制器的 APF 部分接入光伏电站出口变压器的低压侧，DVR 部分串联在光伏电站出口变压器的高压侧，而 UPQC 跨接在光伏电站出口变压器的两侧，补偿电网侧的电压谐波，在电网高电压故障时维持光伏电站出口电压为额定值。

国家电网公司于 2017 年公开了一种光伏并网的配电网谐波检测控制方法（CN106786590A），该方法采用自适应在线遗传算法整定统一电能质量调节器的 PI 控制参数。统一电能质量调节器采用整定后的 PI 控制参数对光伏并网的配电网谐波实施检测控制，为利用 UPQC 治理配电网电能质量提供了一种新方法。

4. 动态电压恢复器（DVR）

动态电压恢复器（DVR）采用同步电压源逆变器产生交流电压抵消有功功率快速波动导致的电压波动和浪涌，通过自身储能单元，在补偿无功功率的同时提供瞬时有功功率补偿。

华北电力大学（保定）和山西省电力公司运城供电分公司于 2013 年公开了一种新能源发电的电网电压无功复合协调控制系统及方法（CN103166226A），该方法将静止型动态无功发生器、动态电压恢复器与现有的变电站电压无功综合控制装置相结合构成了动态电压无功控制系统，并利用电压无功最优运行状态与电容器组和有载调压变压器分接头的单位调节变化量，把电压无功平面分割成十六个控制区，各个区域对应相应的控制策略。

中国科学院电工研究所于 2016 年中公开了一种包含电压动态补偿器的光伏高压直流串联并网系统（CN105490298A），该系统通过电压动态补偿器与光伏直流并网变流器协调配合，减少光伏直流并网变流器进入限功率模式的机率，提高光伏系统的发电量，克服了光伏组件功率波动导致的光伏直流并网变流器输出电压越限。

（二）发电功率预测

随着可再生能源发电容量的增加，可再生能源的间歇性和随机性与电力系统实时平衡之间的矛盾日益凸显，可再生能源发电功率预测技术越来越受到关注和重视。通过预测可再生能源发电功率，可以提高电网安全性和可靠性，调整和优化常规电源的发电计划，改善电网的调峰能力，减少额外旋转备用容量，改善系统运行经济性。在可再生能源功率预测技术方面，主要包括统计模型、物理模型以及人工智能模型。发电功率预测技术演进路线如图 9 所示。

从图 9 可以看出，采用气象边界模型来预测发电功率在 2004 年的 EP1396060A1 中最早被公开，然后又经历了采用历史数据建模、查询功率因子表等方式，最终发展成通过对样本进行去噪和减样后进行建模以预测发电功率的方法。随着对发电功率预测值准确度要求的提升，基于对历史数据值的研究也越来越多，也越来越复杂。在物理模型研究的基础上，又出现了统计模型和人工智能模型。在 2013 年的 US2013006431A1 公开了根据历史功率值统计预测发电量，并逐渐发展为根据气象预测结合历史数据预测发电量，预测的准确度得到了提升。随着智能算法的迅速发展，为提高发电功率预测的精度提供了另一条途径。采用神经网络的智能算法来预测发电量在 2007 年的 JP2007056686A 中首次被公开，之后该方法迅速发展，出现了很多种能够预测发电量的智能控制算法，包括稀疏贝叶斯回归 SBR 预测以及协方差预测等，上述方法也是目前预测发电量最常用的方法。具体分析如下。

1. 物理模型

物理模型的目标是尽可能准确估算出风电机组轮毂高度处的气象信息。首先利用数值天气预报系统的预测结果得到风速、风向、气压、气温等天气数据，然后根据风机周围的物理信息得到风力发电机组轮毂高度的风速、风向等信息，最后利用风机的功率曲线计算得出风机的实际输出功率。

ABB 公司于 2004 年公开了一种基于气象传感器以及大气边界层模型的可再生能源预测控制系统（EP1396060A1），该系统利用大气边界层模型对发电设备在未来一段时间内的发电量进行预测，得到较好的预测效果，避免了风电并网对电网造成的冲击和不稳定。

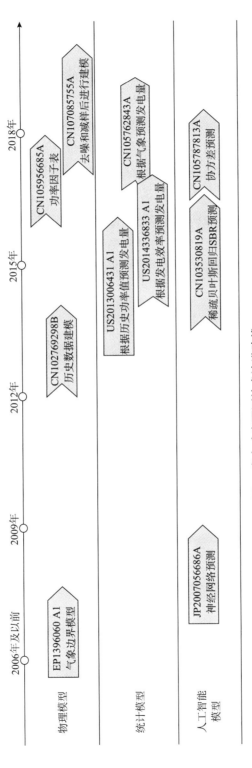

图9 发电功率预测技术演进路线

上方能源技术（杭州）有限公司于 2012 年也公开了一种基于物理模型的太阳能并网发电功率预测方法（CN102769298A），该方法对影响太阳能电池板发电功率的天气因素、峰值日照时数因素以及温度因素进行数据建模并存储，通过向气象预测服务器查询预测当天的天气、峰值日照时数和温度并进行数据建模与历史发电数据库中存储的数据模型进行比对，从而计算预测每小时的发电功率。该方法具有较高的精度，能预测一天或者数天内每个小时的发电功率，对电力调配具有指导意义。

内蒙古电力（集团）有限公司在 2017 年公开了一种基于物理模型的光伏发电站短期功率预测方法（CN107085755A），该方法先读取当前时刻及其之前一段时间的数据作为预测样本数据，然后对预测样本数据进行去噪和减样处理，再进行归一化处理，最后再进行建模，得到光伏电站短期功率预测模型，之后再根据预测时刻的数据，即可得到预测值。由于其对样本进行了筛选和去噪，使得筛选后的样本数据更好地反映了光伏电站出力与气象因素的客观规律，明显提高了光伏电站短期功率预测的准确性。

2. 统计模型

统计模型的实质是在系统的输入（历史统计数据、实测数据）和风功率之间建立一个映射关系——通常为线性关系。这个关系可以用函数的形式表示出来，这些模型通过捕捉数据中与时间和空间相关的信息来进行预测。

ACCIONA ENERGIA 公司在 2013 年公开了一种具有能够基于天气参数调整发电功率的系统（US2013006431A1），目的在于解决新能源发电并网时容易造成电网不稳定的问题。该系统具有蓄电池单元，蓄电池单元能够调节其充电或者输送功率。蓄电池基于功率的历史值，调取与当前相似天气条件的功率值输出到控制单元，从而避免造成电网的不稳定。

北京科诺伟业科技有限公司于 2016 年公开了一种基于统计模型的可调度光伏电站的功率输出分配方法（CN105762843A），该方法首先读取监测仪监测的风速、辐照度以及风向数据，并依据环境监测仪监测到的风向，确定云移动经过光伏方阵的投影路径，以及计算出云的移动速度，然后，再根据光伏电站的历史数据，计算出光伏电站的输出功率的预测值。由于其还对云的移动速度进行测定，并且能够预测出短期内的输出功率值，因此提高了预测的精度，对电力输出的稳定性具有一定的指导意义。

3. 人工智能模型

人工智能模型是利用某种学习算法，通过大量数据的学习和训练来建立输入输出间的关系，从而预测发电量。

琉球大学于 2007 年公开了一种基于人工智能模型的风电发电预测控制方法（JP2007056686A），该方法利用监测到的风速以及历史气象数据对发电设备的发电量通过神经网络进行预测，从而能够更好地预测风电未来的输电量，减少了预测出力与实际出力之间的误差。

广西电网有限责任公司电力科学研究院于 2016 年公开了一种基于协方差的短期风功率预测方法（CN105787813A），该方法通过实时获取风力发电场的数据——包括实时风功率数据、数值天气预报数据、实时上网数据、风塔气象台数据，将实时获取的数值天气预报数据、实时上网数据、风塔气象台数据进行协方差计算。协方差计算预测基于 NWP 空间差值模型、BP 神经网络模型和 LSSVM 模型三个模型分别进行风功率预测。

（三）有功功率控制

风力发电和光伏发电是主要的清洁能源利用形式，具有方便获取等优点，得到迅速发展。在并网技术中，如何使风力发电和光伏发电的能量最大化输送至电网中，有效利用有功功率，是各高校和企业研究重点。对于风力发电，采用最大风能捕获、平均功率控制是主要有功功率控制技术；对于光伏发电，采用最大功率点跟踪方法是主要控制技术。有功功率控制技术演进路线如图 10 所示。

从图 10 可以看出，在 2010 年以前，国内在有功功率控制方法上均是对常规的电压跟踪法、查表法等方法进行改进。在 2010 年以后，国内大力发展并网技术，涌现出多种新的方法实现对有功功率的控制，比如阴影条件下最大功率点快速寻优，倒下垂特性最大功率跟踪，使有功功率控制出现了一个新的高度。具体分析如下。

1. 最大风能捕获

最大风能捕获技术是提高风力发电系统转换效率，实现风能最大功率点跟踪的重要技术之一。最大风能捕获是调整风机转速以实现快速追踪风力发电系统输出最大功率点。

日本 DOKURITSU GYOSEI 在 2002 年公开了一种最大电力点追踪方法（JP2002272094A），该方法采用查表法获得最大风能对应的电压值，进而通过测量电压获得最大功率输出。

施耐德公司在 2007 年公开了一种实现最大风能捕获的控制方法（WO2007060328A1），该方法依据搜索法实现最大风能捕获，通过计算电流和电压值，获得相应功率，再对功率进行调整，使其达到最大，进而获得最大功率时的电压，从而捕获最大风能。

东南大学在 2010 年公开了基于误差补偿模型的风电机组最大风能捕获控制方法（CN101776043A），该方法首先建立稳定运行时测量风速与转速偏差的误差补偿模型，通过实时检测风速，获得当前时刻风速下的转速偏差，迭加到风力机期望最佳转速，作为风力机转速控制给定值，进而计算发电机有功功率指令，控制机组输出功率。当风力机转速接近给定值时，以实时检测的风力机转速作为风力机转速控制给定值，控制发电机达到稳定运行，实现最大风能捕获。该方法能够使风力机快速跟踪风速变化，并通过误差补偿弥补因风速测量误差造成计算的转速设定值偏差，在接近稳定时，以实际转速计算功率给定值，保证风力机输出功率沿最佳功率曲线，实现最大风能的快速跟踪。

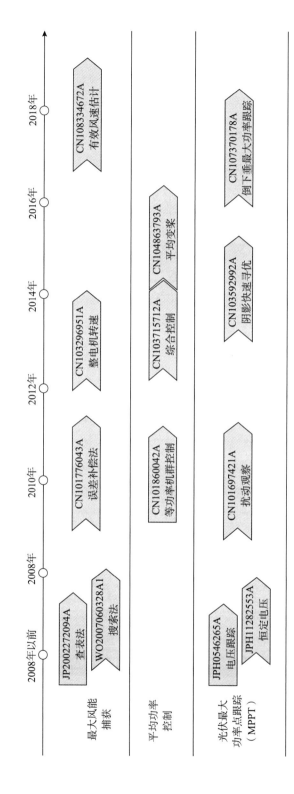

图10 有功功率控制技术演进路线

哈尔滨工业大学在 2013 年公开了双转子结构变速恒频风力发电系统的控制方法（CN103296951A），该方法通过调整电机转速进而改变风力机转速，在风力机所处环境的风速达到其切入风速时风力机开始旋转，带动齿轮传动机构工作，检测风力机所处环境的风速。当风力机所处环境的风速小于其额定风速时，控制调速电机转速，使发电机达到并网频率。发电机并网后，改变调速电机的转速，进而改变风力机输出轴的转速，以实现最大风能捕获。

浙江大学在 2018 年公开了基于有效风速估计的变速风力发电机组最大风能捕获方法（CN108334672A），该方法获取有效风速估计值、归一化后的机组历史输出数据和历史风速测量值构成 SVR 模型的训练集，使用 GA 算法选择惩罚参数和核函数参数，得到训练好的 SVR 模型，该模型在线给出风速估计值。设计最大风能捕获控制器时，根据有效风速估计模型给出的有效风速，得到实时的最优风轮转速估计值，使用鲁棒因子和神经网络应对系统的非线性特性和参数不确定性，从而实现转速跟踪误差的有界性和风力发电机组系统的稳定性。

2. 平均功率控制

平均功率控制的目标是利用风力机的转动惯量，使变速风电机组的输出功率保持相对稳定。在变速风电机组的运行过程中，变速风电机组按照设定的平均功率值运行。

许继集团有限公司在 2010 年公开了风电场实时等功率机群的控制方法（CN101860042A），该方法先求得有功功率波动超额值，并与功率超标趋势作为逻辑控制器的输入、输出超额偏差值，然后与功率频率偏差值的差值作为 PI 控制器的输入，最后输出风电场电机有功参考值。该方法把单一的单机最大风能利用控制方法解环，嵌入了风场整体的协调控制，使得风机有可调度的裕度，从而最大限度平抑风能的不稳定给电网造成的负荷波动。

重庆大学在 2014 年公开了永磁直驱风力发电系统参与电网频率调节的方法（CN103715712A），该方法通过发电机侧、电网侧和储能单元侧变换器综合控制，实现有功功率输出，并对发电机侧变换器、电网侧变换器及储能单元侧变换器进行控制。储能单元变换器通过控制电压，再结合转子位置角和直流链电压，经空间矢量调制 SVM 得到储能单元侧变换器的 PWM 驱动信号，用以控制电机。在电机加速到最高转速时，将功率/电流闭环控制模式切换为转速/电流闭环控制模式，转速给定为飞轮电机额定转速；在飞轮电机连续减速至零时，将转速外环给定值设定为零，控制电机转速为零，采用转速/电流闭环控制实现飞轮电机在零速下运行。

东南大学在 2015 年公开了一种根据平均值触发风力发电机变桨动作指令的控制方法（CN104863793A），该方法为针对风速在风力发电机额定风速上下波动的情况的变桨控制策略，当变桨系统检测到发电机转速、输出功率或者风速高于其额定值时，变桨系统开始动作，调整风机桨叶桨距角，减少风机捕获功率来维持风力发电机输出功率稳定，提高了变桨系统动作的平滑性，减少了疲劳损耗，提高了系统的可靠性。

3. 光伏发电最大功率点跟踪

光伏发电最大功率点跟踪（MPPT）是指在光伏发电系统中，光伏电池的利用率除了与光伏电池的内部特征相关外，还受使用环境——如辐射度、负载和温度等因素的影响。对于光伏发电系统来说，应当寻求电池板的最佳工作状态，最大限度进行光电转换。利用控制方法实现电池板的最大功率输出运行的技术为最大功率点跟踪（MPPT）技术。

日本东芝在 1993 年公开了一种太阳能发电用控制装置（JPH0546265A），该装置采用 DC – AC 变换控制器将直流电变换为交流电，再根据变流电变化曲线实现最大功率点跟踪。

日本三洋电机在 2000 年公开了一种基于恒定电压的光伏最大功率点跟踪方法（JPH11282553A），该方法在太阳能发电装置的逆变器电路即将起动之前，根据太阳能板的输出电压，对实行 MPPT 控制所用的假想最佳工作电压、MPPT 最小电压、MPPT 最大电压、低高电压变化幅度切换电压进行计算，根据求出的各电压值来实行 MPPT 控制。

湖南大学在 2010 年公开了一种微电网光伏微电源控制系统（CN101697421A），该系统采用扰动观察法，即通过测量输出电压，比较当前时刻与下一时刻的输出功率，进而实现最大功率跟踪。

国家电网公司在 2014 年公开了一种在阴影条件下光伏阵列最大功率点快速寻优的方法（CN103592992A），该方法首先对阴影遮蔽进行判断，再进行占空比调节，进而寻找到最大功率点。通过这一方法可迅速找到最大功率处的电压，可以加快搜索速度和精度。

合肥工业大学在 2017 年公开了一种具有倒下垂特性的光伏并网逆变器最大功率点控制方法（CN107370178A），该方法实时采样系统的频率，采样直流侧输出功率的大小并与具有倒下垂特性的频率环输出功率的大小进行比较，当频率环输出功率较低时则进入倒下垂工作模式，光伏并网逆变器按照倒下垂控制特性对外输出功率，否则按照最大功率跟踪控制对外输出功率。

（四）低电压穿越

低电压穿越（LVRT）是指在并网点电压跌落时，可再生能源发电机组能够保持并网，甚至向电网提供一定的无功功率，支持电网从故障状态恢复，从而穿越这个低电压区域。在检索中发现，解决低电压穿越的主要措施有转子短路保护、改进励磁控制算法和减小输入功率。低电压穿越技术演进路线如图 11 所示。

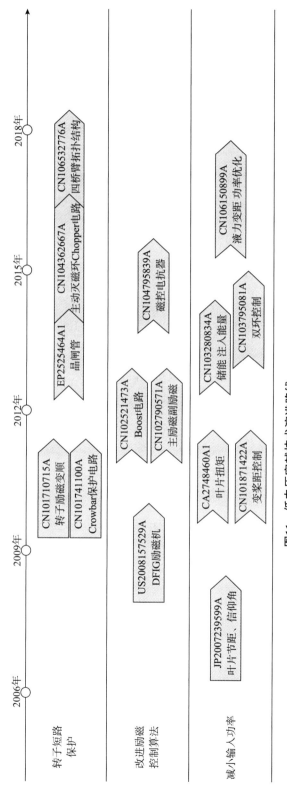

图11　低电压穿越技术演进路线

从图 11 可以看出，解决低电压穿越问题的措施先后出现了减小输入功率、改进励磁算法和转子短路保护。早在 2007 年，日本首次公开通过改变叶片节距以减小输入功率最终实现低电压穿越（JP2007239599A），随后 2008 年美国公开了通过改进励磁算法的措施（US2008157529A），2010 年在中国首次公开了通过转子短路保护的措施（CN101710715A）。在近几年的发展中，三种实现低电压穿越的措施并行发展，专利申请主要集中在中国，其中转子短路保护以及减小输入功率的措施主要为结构和电路的改进，是目前的主要技术改进方向。由于改进励磁控制算法是对励磁控制器算法的改进，其受限于现有的控制算法，从 2015 年（CN104795839A 被公开）以后没有新的改进出现。通过转子短路保护以及减小输入功率来实现低电压穿越将会是未来的主要发展趋势。具体分析如下。

1. 转子短路保护

转子短路保护是目前一些风电制造商采用的较多的方法，其在发电机转子侧装有 Crowbar 电路，为转子侧电路提供旁路，在检测到电网系统故障时，闭锁双馈感应发电机励磁变流器，同时投入转子回路的旁路保护装置，达到限制通过励磁变流器的电流和转子绕组过电压的作用，以此来维持发电机不脱网运行。

上海大学在 2010 年公开了一种电网电压瞬降时双馈感应风力发电机低电压穿越控制系统（CN101710715A），该系统主要利用转子励磁变换器包括转子侧变换器和网侧变换器，可抑制定转子过电流。

华锐风电科技有限公司在 2010 年公开了一种低电压穿越方法（CN101741100A），该方法在转子侧装设 Crowbar 保护电路，为转子侧提供旁路。当电压跌落时，闭锁双馈电机励磁变流器，投入转子回路旁路保护装置，限制通过励磁变流器的电流和转子绕组的过电压，维持机组不脱网。该公司于 2012 年公开了一种低电压穿越方法（EP2525464A1），其通过在电路中设置晶闸管进行分流保护。

国家电网公司在 2015 年公开了一种双馈风电机组的高低电压穿越协同控制方法（CN104362667A），该方法在双馈风电机组转子侧变流器 RSC 在矢量控制结构的基础上，加入主动灭磁环，同时设计硬件保护模块——转子侧撬棒电路 Crowbar、直流侧撬棒电路 Chopper 的触发导通逻辑以灵活切换控制模式，满足低电压穿越需求。

大连国通电气有限公司在 2017 年公开了一种基于冗余拓扑的双馈变流器低电压穿越控制方法（CN106532776A），该方法通过在网侧变流器中增加一个桥臂，构成四桥臂的拓扑结构，实现双馈机组的低电压穿越能力。

2. 改进励磁控制算法

改进励磁控制算法可以在不增加硬件电路的情况下，通过改进控制策略实现低电压穿越。

西班牙英捷能源有限公司在 2008 年公开了一种具有励磁机和不连接到电网的电力变流器的变速风力涡轮机的低电压穿越系统（US2008157529A1），该系统使用耦接到传动系统的励磁机，并采用与电网相隔离的电力变流系统，以接收由双馈感应发电机的转子所产生的功率或者提供双馈感应发电机的转子所需的功率，考虑励磁机定子磁化电流的动态过程，实现低电压穿越。

江苏省电力试验研究院有限公司在 2012 年公开了一种基于 DIGSILENT 的并网型光伏仿真发电系统（CN102521473A），该系统基于数字仿真和电网计算程序，可进行潮流计算、短路计算和稳定性计算，具备最大功率点追踪功能和低电压穿越功能。

北京交通大学在 2012 年公开了一种风力发电机无刷励磁系统及主、副励磁系统的切换方法（CN102790571A），在该方法中，当电网稳定时，风力发电机正常运行，主励磁机从电网获取励磁电压，副励磁系统的永磁风力发电机空载运行，不产生励磁电压；当电网跌落时，主励磁系统断开，副励磁系统接入，提供励磁电压，实现低电压穿越功能。

国家电网公司在 2015 年公开了一种用磁控电抗器提高风力发电系统低电压穿越的系统及方法（CN104795839A），该系统的磁控电抗器一端连接风力发电系统的输出端，另一端通过连接并网母线接入电力系统的主电网，磁控电抗器受控制电路的控制，不需要对双馈风力发电机自身控制系统增加新的控制目标和电路，也能实现优越的低电压穿越。

3. 减小输入功率

减小输入功率主要从桨叶的控制或储能方面实现。

日本三菱早在 2007 年就公开了一种风力发电系统和电力供给方法（JP2007239599A），该方法通过改变叶片扭矩、俯仰角来减小风机输入功率，以实现低电压穿越。

加拿大德风公司在 2010 年公开了一种具备低电压穿越能力的方法（CA2748460A1），该方法通过控制系统调节叶片扭矩以在低电压事件期间限制风力转子的加速。

湘潭大学在 2010 年公开风电机组低压穿越协调控制方法（CN101871422A），该方法通过加入对电压跌落实施预警的变桨距控制方法，配合功率变换器及卸荷负载实现协调控制，保证风机组不脱网。

中国矿业大学在 2013 年公开了一种风力发电的变速恒频与储能的方法（CN103280834A），该方法通过设置储能装置，在电网发生故障时通过储能设备为并网点注入能量，提供电压支撑。

太原科技大学在 2014 年公开了一种直驱型风电系统低电压穿越的控制方法（CN103795081A），该方法中，网侧变流器采用电网电压定向的矢量控制策略，并采用双环控制，外环为直流侧电压环，内环为电流环，实现输出有功功率和无功功率的解耦控制。

兰州交通大学在 2016 年公开了一种前端调速式风电机组功率优化控制方法

（CN106150899A），该方法通过对桨距角的调节来控制功率，具体通过对导叶开度的调节实现调速控制，根据液力变距调速机构输出转速与同步电机输出功率构建目标函数，实现对风电机组输出功率的优化控制。

四、结论与建议

（一）结论

通过对可再生能源并网稳定性控制技术的全球及中国的专利申请进行分析，以及对抑制波动与闪变、发电功率预测、有功功率控制、低电压穿越四个可再生能源并网稳定性控制的关键技术的发展脉络进行的梳理，得到以下初步结论。

1. 中国创新优势明显

尽管中国的可再生能源并网稳定性控制技术起步较晚，但是技术研发能力不断增强。尤其是近年来，在大规模可再生能源并网稳定性控制技术领域的专利申请中，中国专利申请占据全球申请量的90%以上，一直位于全球申请量的第一位，这说明在国际环境和国内巨大市场的影响下，国内申请人对于专利申请的重视。

2. 国家电网公司以及国内高校和科研院所是重要的创新主体

从数据情况看，国家电网公司的专利申请量遥遥领先于其他申请人的，是本领域最重要的创新主体，技术创新能力非常强。而在全球专利申请量排名前十位的申请人中，国内高校、科研院所占据7席，除了中国电力科学研究院以外，以浙江大学、华北电力大学、东南大学、湖南大学、上海交通大学等为代表的高等学府，作为重要的申请人，创新活动也非常活跃。

3. 发达国家不容小觑

从全球数据看，作为传统发达国家，美国和日本是仅次于中国的主要的申请来源国。尽管美国和日本在该领域的专利申请量少于中国，但是由于其对于可再生能源的开发较早，2008年以前一直是全球的主要申请来源国，因此，中国创新主体和企业也应关注上述两个国家的技术发展状态。

4. 大规模可再生能源并网稳定性控制技术中相关技术的发展情况

在大规模可再生能源并网稳定性控制技术中，抑制波动与闪变的技术比较成熟，其中对于 DVR 和 UPFC 的研究仍处于研究初期。在发电功率预测方面，采用物理模型、统计模型和人工智能模型进行发电功率预测已经成为电网电力调度的有力保障，上述预测方法对风光储系统的电力调度以及工作安排提供了决策支持，具有一定的推广和应用价值。在低电压穿越方面，双馈风力发电系统运行控制实质是对励磁变频器的控制，针对各种电网故障情况的改进控制策略将是未来低电压穿越技术研究的重点。在有功功率控制方面，如何使风力发电和光伏发电的能量最大化输送至电网中，有效利用有功功率，是该领域的研究重点。

（二）建议

根据国际环境及我国的发展现状，对我国涉及可再生能源并网稳定性控制技术的创新主体提出以下建议。

1. 应进一步重视技术创新和成果转化

国家电网作为国家首批创新型企业，是可再生能源并网稳定性控制技术领域最大的创新主体，其创新优势非常明显。国家电网此时应该更加注重对于专利成果在产业上的进一步转化。依托其优秀的创新文化和创新机制，该企业能够激发更多的创新活力，成为建设创新型国家的中坚力量。国内科研院所、高校作为重要申请人，创新活动也非常活跃，因此，依托国内科研院所、高校的雄厚的科研力量，挖掘高价值专利，加强高价值专利的培育、运用和保护，特别是建立以市场为导向的专利技术研发与成果转化机制，促进高价值专利的商业化，将有力促进我国在可再生能源并网控制领域的创新发展。

2. 持续关注关键技术的发展方向

对于抑制波动与闪变技术，由于 SVC 本身容易产生低次谐波，所以该项技术在近年来的应用比较少，近年来越来越多地是利用 APF 和 SVC 相结合使用，以及 DVR、UPFC 与 SVC、APF 等技术的结合，在补偿电压波动的同时能够有效地抑制谐波，实现有功功率和无功功率的补偿。

目前发电功率预测系统所需的数值天气预报大多是基于传感器或者从气象局购买，这些数值天气预报分辨率不同，导致预测结果精度不够准确。由于气象条件尤其是风速本身具有强烈的间歇性和波动性，克服预测误差的问题始终难以克服，未来如何进一步减小预测误差仍是研究方向。

针对低电压穿越技术，有些双馈感应发电机及励磁变频器的瞬态数学模型尚不够精确，未能真实反映机组在各种电压故障条件下的电磁响应，影响到控制策略和保护装置设计的准确性，所以构建包含保护装置（如 Crowbar）在内的瞬态数学模型，将成为 LVRT 技术研究的重要内容。而研制各种低成本、高可靠性、控制简单的保护装置，以确保严重故障下双馈发电机特别是励磁变频器的安全，是低电压穿越成功与否的关键。

在有功功率控制方面，尤其对于风电场的有功功率控制，由于风能具有不确定性，虽然已有研究人员采用智能算法进行控制，但是对于此方面的研究还很少，需要加大研究力度。现有可再生能源种类较多，今后如何以各个能源——即风能、光伏能、生物能等进行协同发电，也是研究重点。

参考文献

［1］ 马天旗 . 专利分析方法、图表解读与情报挖掘［M］. 北京：知识产权出版社，2015.

［2］ 杨铁军 . 产业专利分析报告（第 5 册）［M］. 北京：知识产权出版社，2012.

［3］ 杨铁军 . 专利分析实务手册［M］. 北京：知识产权出版社，2012.

［4］ 贺化 . 专利导航产业和区域经济发展实务［M］. 北京：知识产权出版社，2013.

二次电池/超级电容均衡专利技术综述[*]

庄怡倩　陈维维[**]　蒋永志　沈笑笑　邓泽微

摘　要　智能电网中储能模块是重要组成部分，二次电池/超级电容作为主流储能元件，已被广泛研究与应用。本文首先从重要专利申请人、专利申请国家、专利申请技术方向等角度，对二次电池/超级电容均衡技术领域专利申请状况进行了研究分析；其次进行筛选和分类，该领域专利大致分布在能耗型法、非能耗型开关电容法、非能耗型DC/DC 变换器法三方面，通过选出的重要专利形成相应技术发展脉络图；最后对二次电池/超级电容均衡技术的研究现状进行总结，以期为该领域的专利审查和分析提供参考。

关键词　二次电池　超级电容　电压　SOC　均衡

一、二次电池/超级电容均衡技术概述

（一）研究背景

1. 引言

当前，我国电网的发展进入了一个全新的阶段——智能电网阶段。图1-1为基于新能源供电的直流微网系统架构，从图中可以看出，二次电池 Battery 以及超级电容 Super-cap作为主要的直流储能模块，吸收直流母线上的电能或是向直流母线释放电能。

2. 二次电池/超级电容储能概述

储能装置类似于一个蓄水池，当发电量较大时，储存多余能量，当发电量不足时适时地回送电能，使电量一直保持在一个相对稳定的范围内。

对于串联二次电池/超级电容而言，电压不均衡是限制其使用的重要原因。如图1-2所示，是二次电池/超级电容普适的单体集中等效模型示意图。该模型由理想电容 C、等效串联内阻 RESR、等效并联内阻 RESP 组成。

在储能系统中，为满足要求需多个单体串联工作。可利用集中等效模型，分析串

---

　*　作者单位：国家知识产权局专利局专利审查协作江苏中心。

　**　等同第一作者。

联单体电压不均衡的主要原因。如图 1 - 3 所示为两个单体串联的集中等效模型示意图。

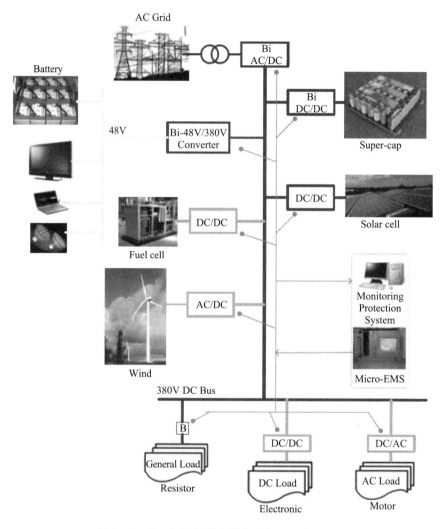

图 1-1　基于新能源供电的直流微网系统架构图

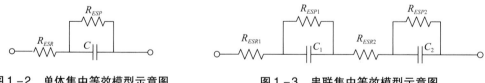

图 1-2　单体集中等效模型示意图　　　图 1-3　串联集中等效模型示意图

由于单体性能参数存在一定的分散性，即实际容量 C1≠C2、等效串联电阻 RESR1≠RESR2 以及等效并联电阻 RESP1≠RESP2，都会造成单体端电压不等。

其中，电容容量差值对两个单体电压的不均衡影响最大，比等效串联内阻的影响大接近一个数量级。

（二）研究对象——二次电池/超级电容均衡技术

目前常用的二次电池/超级电容串联电压均衡方法分为能耗型和非能耗型两大类。

图1-4罗列了三种基本的能耗型电压均衡电路图，能耗型基本思路都是将高电压单体的部分能量以热能形式耗散掉。图1-4(a)所示电阻法，在单体两端并联电阻，通过相同阻值电阻分压保持各单体端电压一致；图1-4(b)为并联稳压二极管法，当电容电压达到额定值时，稳压二极管反向击穿，把单体电压保持在该额定值；如图1-4(c)所示，当单体电压超过设定的参考值时，控制相应开关闭合，电流通过开关流经旁路电阻，每个开关都需要控制信号。

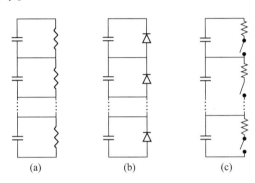

图1-4　能耗型电压均衡电路图

能耗型方法是目前工业上广泛应用的方法，其结构简单、可靠性高、成本低、技术成熟，但均压时能量完全耗散在电阻或稳压管上，浪费严重，同时需要考虑电阻和稳压管的散热问题。对于小容量、低电压、小电流的应用场合，能耗型均衡是最主流的方案，但不适用于高压大功率场合。

非能耗型均衡方法是目前的研究热点，在忽略电路转换效率的前提下，理论上零能耗。根据拓扑结构，目前主要有开关电容法、DC/DC变换器法。

（1）开关电容法

开关电容法是利用多个普通电容作为中间储能单元，将电压高的单体的部分能量向电压低的单体中转移的一种电压均衡方法。

如图1-5所示，该技术控制较简单，通过对中间储能单元充放电来实现能量转移，只要有电压差便会进行能量转移，可实现精确均衡。但由于大量开关和电容的存在，电路相对庞大。另外，压差较小时所需均衡时间长，均衡速度下降，不适合需要快速均衡的场合。

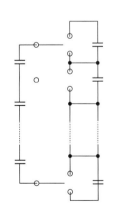

图1-5　开关电容电压
均衡电路图

（2）DC/DC变换器法

DC/DC变换器法一般采用分布式结构，即在每个单体两端或每两个相邻单体之间连接一个均衡电路，从拓扑结构上来讲分为非隔离式和隔离式。

如图1-6所示为非隔离式。每两个相邻单体间接有一个BUCK/BOOST变换器，通过比较相邻单体电压的大小，控制能量从高电压单体通过变换器转移到相邻低电压单体。将图1-6(a)中的续流二极管换成开关管，得到图1-6(b)所示的能量双向流动的BUCK/BOOST均衡电路，其工作原理同图1-6(a)中采用续流二极管的单向型变换器的工作原理基本一致，但由于采用了可控的开关管，能实现能量双向流动，避免了单向型中特殊情况的出现。

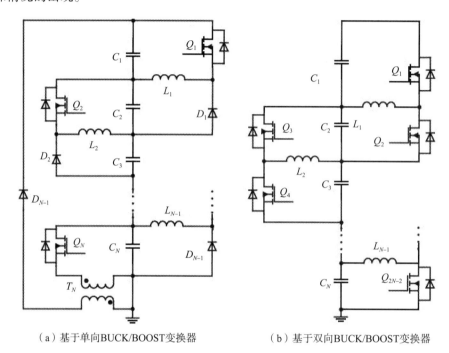

（a）基于单向BUCK/BOOST变换器　　　　　（b）基于双向BUCK/BOOST变换器

图1-6　基于BUCK/BOOST变换器的非隔离式电压均衡电路图

基于隔离式DC/DC变换器的电压均衡电路如图1-7所示，是一种基于隔离反激变换器的电压均衡电路，当某个单体电压大于参考值时，使其对应开关管导通，变压器储存能量，开关管关断时，变压器中的能量反馈回整个储能组。图1-7(b)是基于双向反激变换器的电压均衡电路，可通过能量双向流动，实现将整个储能组能量传递给电压最低的单体的功能，均衡方式更灵活。

基于隔离式变换器的电压均衡电路中还有一类多输出变压器式电压均衡电路。图1-8(a)给出了基于反激变换器的传统变压器均衡电路，开关管导通时，变压器原边绕组感应电压等于电压最高的单体两端电压，低压单体上流过感应电流，开关管关断则磁路释能。图1-8(b)是基于正激式变换器的电压均衡电路，在选择合适的变压器原副边匝数比基础上，控制开关管 Q1～QN，使电压低于平均电压的单体上产生感应电流进行充电，电压越低则感应电流越大。以上两种方法都是通过设计合理的变压器变比及控制开关管实现能量从高压电容到低压电容的转移。

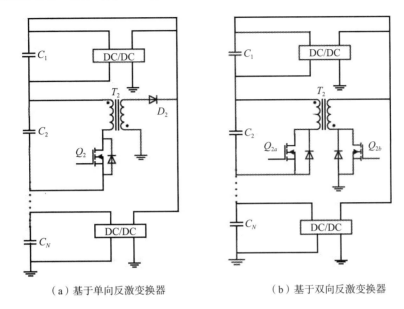

（a）基于单向反激变换器　　　　　　（b）基于双向反激变换器

图1-7　基于反激变换器的隔离式电压均衡电路图

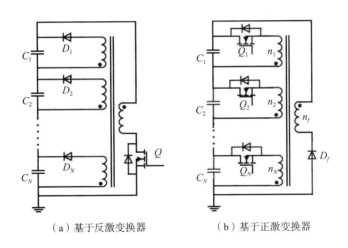

（a）基于反激变换器　　　　　　（b）基于正激变换器

图1-8　基于反激变换器的多输出变压器式电压均衡电路图

在传统多输出变压器式均衡电路中，变压器副边采用多路输出，可实现直接给电压低的电容充电，均衡速度快，效率高，相较于 DC/DC 变换器法，不存在电压梯度差，且开关数目相对少，控制简单。但其缺点也非常明显：一个原边和多个副边耦合在同一磁芯上，实际绕制困难；次级绕组参数难以匹配以及变压器漏感差异所造成的电压差难以通过控制等其他手段补偿。此方法适合用于大电流充放电的大功率场合以及高压场合，可以在快速充放电的情况下实现快速均衡。

（三）研究方法

对于二次电池/超级电容均衡专利技术的相关文献检索终止于 2018 年 8 月 20 日。主要在中国专利文摘数据库（CNABS）以及外文数据库（VEN）中进行检索。由于涉及能耗型电阻以及非能耗型电容均衡方法的应用相对普遍，因此着重对 DC/DC 变换器方法进行了检索。

由于二次电池/超级电容生产技术的差异，国外对于二次电池/超级电容均衡技术的研究没有国内深入，相关专利更多的是针对整个电池、超级电容储能模块管理系统的保护，只有较早期存在针对电阻能耗型法、电容法、初期的 DC/DC 变换器法的研究，而近年的均衡技术方面的申请量远不如国内。因此，本文主要针对 CNABS 的检索结果，配合 VEN 检索结果的补充。最终的文献量 CNABS 中为 1081 件。VEN 中对各类型的均衡电路进行检索筛选后，文献量为 940 件，且都以电阻能耗型以及管理系统为主。

二、二次电池/超级电容均衡专利技术状况分析

（一）专利申请量年度分析

图 2 - 1 显示了二次电池/超级电容均衡技术的全球申请量，可以看出，二次电池/超级电容均衡技术的专利申请量在 2005 年以后开始快速增长。然而，在 2007 ~ 2009 年，在国际金融危机的因素影响下，二次电池/超级电容均衡技术的专利申请量并未能保持快速增长的势头而改变为十分缓慢的增长，行业经济效益受到国际金融形势的影响较大。金融危机过后，行业爆发，其申请量重新回归到之前的快速增长，并带有报复性增长，填补了金融危机期间对二次电池/超级电容行业的拖滞。在 2010 ~ 2011 年短短两年间，二次电池/超级电容均衡技术的专利申请量涨幅达 100% 以上。此后，二次电池/超级电容均衡技术专利申请量维持在一个较高水平，并在 2016 年出现又一个申请高峰。由于 2017 年和 2018 年的部分专利申请仍处在保密期而未公开，相信在不久的将来，二次电池/超级电容均衡技术的专利申请量会重新进入快速发展通道。

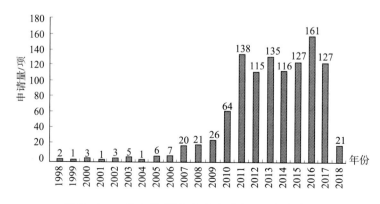

图 2 - 1　二次电池/超级电容全球专利历年申请量

（二）国际申请分析

在实际审查过程中，有关二次电池/超级电容均衡技术大部分的专利申请案件都是来自中国的专利申请，这些情况在下面的图2-2中也有所体现。如图2-2所示，中国的专利申请量占据了二次电池/超级电容均衡技术领域全球申请量的半数以上，达到了53.42%，这也体现了中国在二次电池/超级电容均衡技术领域深厚的技术储备和强大的技术优势。同时，美国、日本和韩国也是二次电池/超级电容均衡技术领域的专利申请大国，这和其二次电池/超级电容生产发达的背景息息相关。而德国、加拿大、英国以及俄罗斯也是全球范围内二次电池/超级电容均衡技术领域的重要专利申请国。

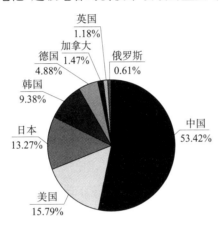

图2-2　二次电池/超级电容全球专利申请国家/地区分布图

（三）主要专利申请人分析

图2-3是全国专利申请人分布图。可见，涉及的主要申请人，大多数是汽车、电网等领域，可见二次电池/超级电容主要的应用场合为电网储能以及电动汽车。得益于近年来国家对新能源领域的大力扶持，电网、汽车企业在二次电池/超级电容均衡技术领域加大了研发力度和深度，同时也非常注重将研发成果转化为发明专利权，以向市场和竞争对手展示自身的技术实力并争取在未来的专利竞争中占领先机并取得应有的市场份额。

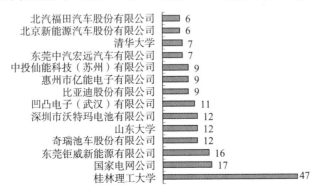

图2-3　二次电池/超级电容全国专利申请人分布图

注：图中数字表示申请量，单位为件。

在企业加大自身研发力度和深度的同时，众多高校则是在二次电池/超级电容均衡技术领域持续发力，而桂林理工大学更是以绝对优势占据了专利申请量的第一位，这也显示了该大学在二次电池/超级电容均衡技术领域深厚的技术储备。另外，山东大学和清华大学则分别占据了高校在二次电池/超级电容均衡技术领域专利申请量的第二名和第三名。

此外，由于在电能传输和储备的应用领域占有较大的市场优势，国家电网公司在二次电池/超级电容均衡技术领域的专利申请量仅次于桂林理工大学，这不仅得益于国家在电网和新能源方面的优惠政策，也是国家电网公司多年耕耘在电能传输和储备领域的技术积累。

三、从专利申请分析均衡主要技术

（一）能耗型电阻法

目前在工业中应用较多的主要是基于并联电阻法实现的均衡电路，通常由一均衡开关串联一均衡电阻构成，但该种均衡电路在实际使用时面临着诸多问题，最典型的为均衡电路失效和过流的保护问题，为解决这些问题，现有的专利做出了一些改进，图3－1为能耗型电阻法各年度中国专利申请情况统计。

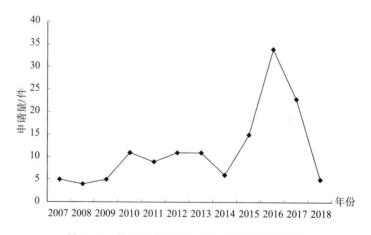

图3－1　能耗型电阻法中国专利申请量趋势图

根据图3－1的专利申请情况，可以看出国内关于该技术的专利申请起步较晚，2015年以前，相关技术一直处于缓慢发展阶段，2016年出现了大幅提升，这可能是由于智能汽车和智能电网产业的崛起，而2017年和2018年的相关专利申请大部分尚未公开，因此数据量还不够全面，但可以预见的是随着世界上众多行业巨头纷纷加入智能汽车产业的研发，该领域的申请量将会稳步增长，以下为该技术的技术脉络发展过程，见图3－2。

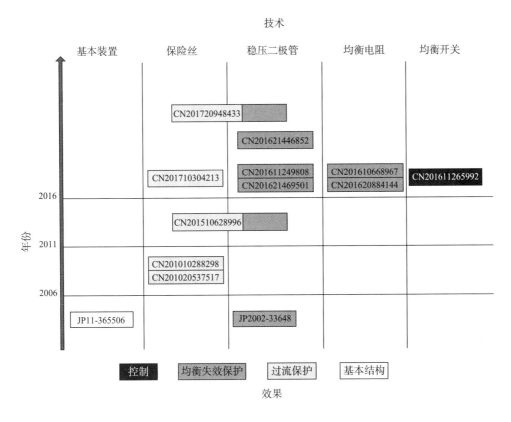

图 3 - 2　能耗型电阻法技术脉络发展图

　　JP11 - 365506（申请日 1999 年 12 月 22 日），申请人松下电器产业株式会社，最早提出了利用并联电阻实现电压均衡的专利申请，该申请中通过一均衡电阻串联一均衡开关，实现超级电容的充放电控制，具体如图 3 - 3。

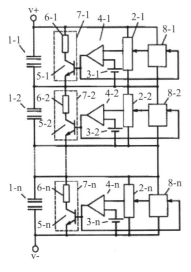

图 3 - 3　JP11 - 365506 摘要附图

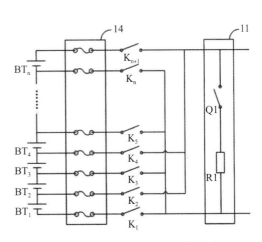

图 3 - 4　CN201710304213 摘要附图

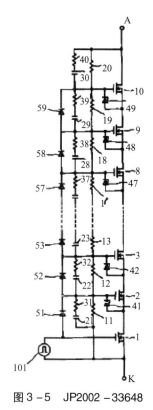

图 3-5　JP2002-33648
摘要附图

（1）过流保护

CN201010288298/CN201020537517（申请日 2010 年 9 月 21 日），申请人浙江绿源电动车有限公司，在均衡电阻网络中加入保险丝，以防止过流对电池造成损坏。

CN201710304213（申请日 2017 年 5 月 3 日），申请人东莞钜威动力技术有限公司，也在串联的均衡开关和均衡电阻之外加入了由保险丝组成的保护单元，具体如图 3-4。

（2）均衡失效保护

为了防止均衡失效引起单体电量放空而被损坏，JP2002-33648（申请日 2000 年 7 月 14 日）在均衡电阻两端并联偏置一二极管，以使电压钳位在固定电位，如图 3-5。

CN201621446852（申请日 2016 年 12 月 27 日），申请人安徽力高新能源技术有限公司，提出了一种均衡失效保护电路，包括设置于均衡电阻 R1 和电池负极之间的依次串联且连接方向相同的多个二极管，靠近均衡电阻 R1 的二极管的正极与均衡电阻 R1 的另一端相连，靠近电池负极的二极管的负极与电池负极相连，具体如图 3-6。

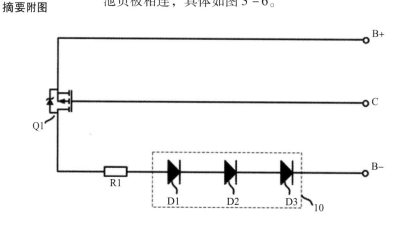

图 3-6　CN201621446852 摘要附图

CN201611249808/CN201621469501（申请日 2016 年 12 月 29 日），申请人洛阳宝盈智控科技有限公司，也针对均衡失效问题提出了一种被动均衡失效保护电路，保护电路上串设有具有设定导通压降的器件，器件可为一个二极管或至少两个二极管串联、并联或者混联构成的结构，二极管的正极需要直接或者通过其他器件连接单体的正极，二极管的阴极需要直接或者通过其他器件连接单体的负极，如图 3-7（a）所示；同时，为了对放电过程进行指示，还可加入发光二极管，如图 3-7（b）。

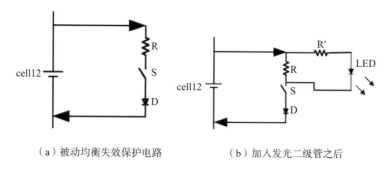

（a）被动均衡失效保护电路　　　　　（b）加入发光二级管之后

图 3 - 7　CN201611249808/CN201621469501 摘要附图

（3）过流 + 均衡失效的保护

CN201510628996（申请日 2015 年 9 月 28 日），申请人重庆长安汽车股份有限公司，在均衡电路中加入了保险丝和稳压二极管，稳压二极管用于保护开关 MOS 管的 GS 极，当 GS 极电压超过 MOS 管保护电压时，稳压二极管导通，将 GS 电压钳位在安全电压范围内；开关管和均衡电阻出现异常短路时，造成单体的正极和负极直接短路，此时大电流流经单体采集保护电路中的保险丝，保险丝迅速熔断，实现过流保护，防止单体被持续短路而损坏，如图 3 - 8。

CN201720948433（申请日 2017 年 7 月 31日），申请人北京新能源汽车股份有限公司，公开了一种均衡回路，包括第一保险丝 X1、均衡开关 Q1 和均衡电阻 R1，均衡开关 Q1 和均衡电阻 R1 串联后与第一保险丝 X1 串联，如图 3 - 9（a）所示；还可以进一步包括第二保险丝 X2、第一稳压管 D1、第二稳压管 D2 和限流电阻 R2，如图 3 - 9（b）所示。第一稳压管 D1 可以稳定动力电池的输出电压，避免由于动力电池的输出电压变化影响均衡电路的正常工作。第二稳压

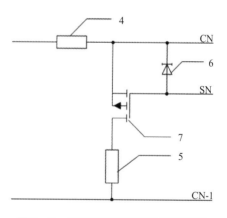

图 3 - 8　CN201510628996 摘要附图

管 D2 可以将 Q1 的栅极电压限制在 D2 的稳压值下，以保护 MOS 管 Q1 的栅极不被击穿，限流电阻 R1 起到限流作用，防止流入 Q1 的栅极的电流过大，起到保护 MOS 管的作用。

（4）均衡电阻，过流 + 均衡失效保护

CN201610668967/CN201620884144（申请日 2016 年 8 月 15 日），申请人惠州市蓝微新源技术有限公司，通过在均衡电阻中并联两个或两个以上电阻，当出现其中一个电阻失效时，均衡电路仍然可以实现均衡功能，同时可以承受较大的电流和提高快速散热的效率；还包括串联于单体的正极与均衡电阻之间的缓冲电阻，可有效减小均衡开关开启

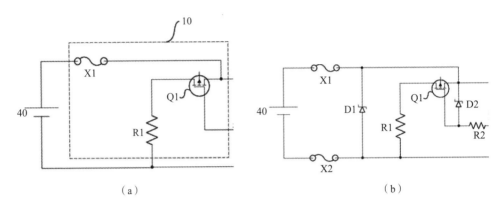

图3-9　CN201720948433摘要附图

瞬间的突变电压对均衡回路各个组件的冲击；并且还设有保险丝、防反接二极管，使得均衡系统具有多重的保护屏障，如图3-10。

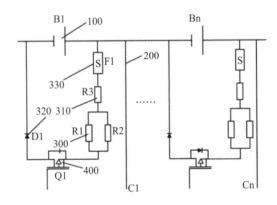

图3-10　CN201610668967/CN201620884144摘要附图

（5）均衡开关的改进

CN201611265992（申请日2016年12月31日），华为技术有限公司提出，则针对均衡开关提出了一些改进，均衡开关可以包括N型金属氧化物半导体（NMOS）、光电耦合器和第一电阻，或者，均衡开关由P型金属氧化物半导体（PMOS）、光电耦合器和第二电阻组成，如图3-11。

（二）非能耗型开关电容法

日本专利JP11-98698（申请日1997年9月19日）中提出了一种飞渡电容器均压的方法，在充放电过程中，通过对每个超级电容器电压的测量，选出其中电压最高的和最低的超级电容器，然后将飞渡电容器分别与这两个超级电容器进行并联相接，重复这样的过程，就会使这两个超级电容器之间的电压渐渐趋于一致。分析中，发现国外的开关电容法中多为类似基本结构，如US2005/00299987A1（申请日2003年11月24日）、JP2014-157996A（申请日2013年2月18日）、US2014/0002005A1（申请日2013年9月3

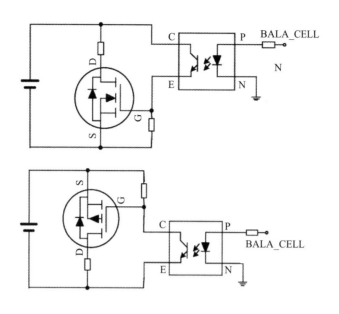

图 3 – 11　CN201611265992 摘要附图

日）等。

上述文献为最基本的开关电容法进行电压均衡，但由开关电容法的缺点可知，上述文献不适应快速充放电的场合，关于开关电容法的专利申请文献着重对上述基本装置进行改进，如图 3 – 12 所示为非能耗型开关电容法的技术发展脉络图。其中，分组进行均衡是解决速度慢的一个有效手段。

CN200510086793（申请日 2005 年 11 月 4 日），申请人中国科学院电工研究所，提出了一种将储能元件（超级电容器）进行分组，结合电感均压器和飞渡电容器共同均衡的装置，其系统如图 3 – 13 所示。C1～C9 组成一个超级电容器模块，200～202 为飞渡电容器均压器，300～301 为电感均压器。在各个储能单元的内部（如 C1～C3 为一个储能单元），飞渡电容器微机控制系统检测出电压最高的超级电容器和电压最低的超级电容器后，控制开关组在一个开关周期内使飞渡电容器分别与电压最高的超级电容器和电压最低的超级电容器并联相接，如此循环，从而实现储能单元内超级电容器的均压。在相邻的两个储能单元之间，电感均压控制芯片不断检测储能单元的电压，当二者的电压差值超过一定的设定值时，控制芯片就会发出信号控制相应的开关导通和关断，使电压高的储能单元放电，能量储存在电感中，在下一时刻再通过电感将能量充到电压低的储能单元中，重复工作，储能单元间的电压也会渐渐趋于一致。这样，整个超级电容器模块在充电过程中就会始终保持电压平衡。同理，在放电的过程中按照同样的工作过程，也能实现超级电容器模块的电压平衡。从而实现分组管理，减少系统成本，提高均压速度。摘要附图见图 3 – 13。

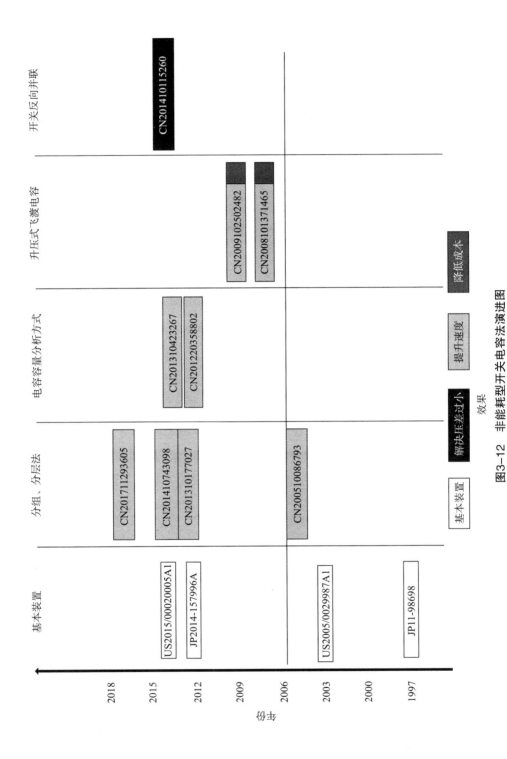

图3-12 非能耗型开关电容法演进图

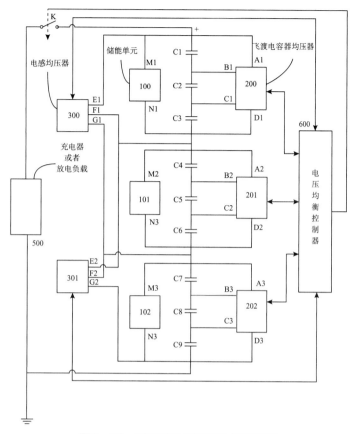

图 3 - 13　CN200510086793 摘要附图

CN2013101770273（申请日 2013 年 5 月 14 日），申请人上海海事大学，采用多层电容均衡，该文献的电压均衡电路是双层的电解电容均压电路，每一层均压电路都有若干个谐振电阻电感电容（RLC）串联支路，每个谐振串联支路包含一个电解电容和一个谐振电感，从而可以实现零电流导通和关断功率开关器件，减小电路的开关损耗。其中，电解电容是能量的传递媒介，双层的均压电路可以为储能单元的能量转移提供多个通道，进而提高均压速度，另外，开关功率管的连接和动作方式可以保证开关管同时导通和关断，进一步增强了系统的可靠性，如图 3 - 14。

CN201410743098（申请日 2014 年 12 月 7 日），申请人北京工业大学，提出一种联储能系统的电容式电压均衡系统及方法。该电容式电压均衡系统是基于传统开关电容均衡电路采用电压均衡方法而设计，该电压均衡方法主要技术要点是：基于 4 单体串联的储能元件，在传统开关电容网络均衡电路的基础上，增加第一层开关电容 C4 和第二层开关电容 C5、C6、C7，使得 4 单体串联储能单元中，两两之间具有直接转移电荷的路径。由电压检测电路单元反馈的电池组电压一致性情况，再由均衡控制单元发出控制信号来控制相应开关的通断，实现高、低电压电池间电量的转移，最后完成串联储能单元中各单体的电压均衡，可有效降低因储能单元中储能单体电压不一致产生的安全隐患，如图 3 - 15。

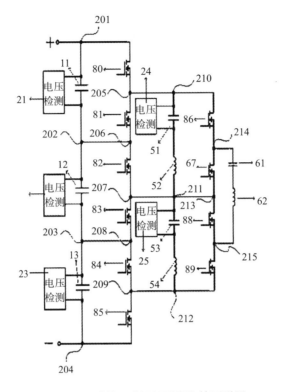

图 3－14　CN2013101770273 摘要附图

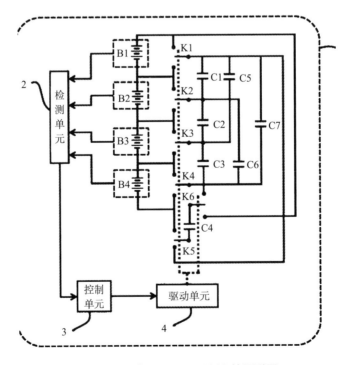

图 3－15　CN201410743098 摘要附图

CN2008101371465（申请日 2008 年 9 月 19 日） 和 CN2009102502482（申请日 2009 年 12 月 11 日） 均提及一种升降压变换式飞渡电容均衡器，能克服飞渡电容器法和 DC/DC 变换法的缺点，提高动态性能、降低成本。以 CN2009102502482 为例，选择其中的四个单体超级电容 100、101、102 和 103 来说明具体电路的连接。电压均衡电路由开关阵列（200~203）、DC/DC 变换器 311 和均衡电容器 400 组成。超级电容组单体电压大于均衡电容器上的电压时，功率开关 302 导通，功率开关 303 截止，功率开关 302、二极管 301、电感 304 构成升压电路，DC/DC 变换器工作在正向升压状态，能量从超级电容组转移到均衡变换器 400；当超级电容组单体电压小于均衡电容器上的电压时，功率开关 302 截止，功率开关 303 导通，二极管 300、电感 304 构成升压电路，DC/DC 变换器工作在反向升压状态，能量从均衡变换器 400 转移到超级电容组。这种双向 DC/DC 变换器结构简单（只需一个）、能耗小、稳定性高且易于实现，如图 3-16。

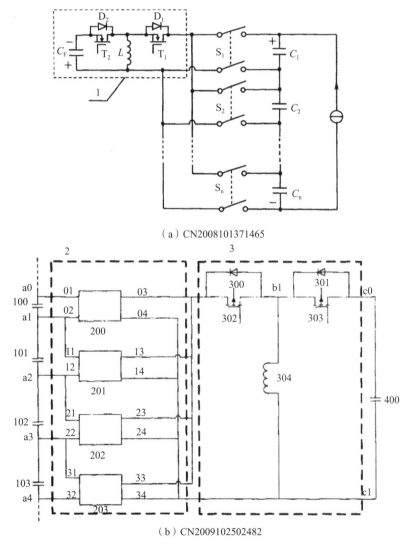

（a）CN2008101371465

（b）CN2009102502482

图 3-16　CN2008101371465 和 CN2009102502482 的摘要附图

为了提升开关电容法的速度，也有专利从开关速度、电容容量比较的方式上进行改型，如 CN201220358802（申请日 2012 年 7 月 24 日），申请人国网电力科学研究院武汉纳瑞有限责任公司，提出以飞渡电容器均压法为基础，实时将每个超级电容器的电压与标准值进行比较，由金属氧化物半导体场效应晶体管（MOSFET）开关快速进行切换，可以提高均压速度，有效延长超级电容器使用寿命。每次充放电不需要从头检测电压一次，充放电不是一对一进行，而是采用"随时监测，随时充放电"的模式，均压速度快，如图 3 – 17。

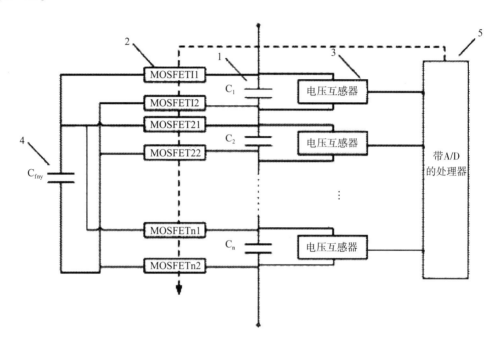

图 3 – 17　CN201220358802 摘要附图

CN201310423267（申请日 2013 年 9 月 17 日），申请人电子科技大学，为了解决均衡速度慢的问题，在飞渡电容法中增加了开关网络 2 和稳压电路，如图 3 – 18 所示，以超级电容组电容个数为 8 说明，步骤 1：将电容 $C_1 \sim C_8$ 按电压从高到低依次编号为：1，2，3，…7，8；步骤 2：现场可编程门阵列（FPGA）主控器中的开关控制单元 a 控制开关网络 1，首先将 2.7V/300F 的飞渡电容并联在编号 1（电压最高）的单体电容两端，此时单体电容对飞渡电容充电，单体电容的电压降低，10s 后，切换开关网络 1，将飞渡电容并联在编号 7（电压倒数第二低）的单体电容两端，此时飞渡电容对单体电容充电，单体电容的电压升高，与此同时，FPGA 主控器中的开关控制单元 b 控制开关网络 2，使稳压电路输出的 2.7V 的电压对编号 8（电压最低）的单体电容充电，均衡过程中，实时检测单体电容的电压，不断切换充放电单体电容，从而实现各个单体电容电压的均衡。

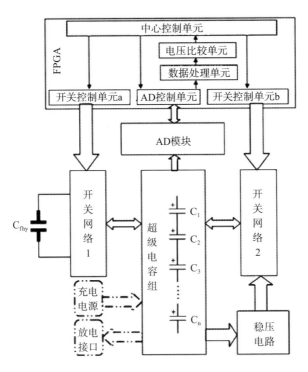

图 3-18　CN201310423267 摘要附图

　　CN201410115260（申请日 2014 年 3 月 26 日）提供一种有效解决电子开关自身的压降和电路本身的内阻导致飞渡超级电容与储能设备之间压差过小的问题，平衡电流过小的储能设备电压平衡的方法及系统。所述平衡电路由单个飞渡超级电容器 4 组成，飞渡超级电容器 4 两端分别设置有两个开关 5，分别与单体电源同极端开关端点相连。高电压单体电源与单个飞渡超级电容器反向并联对其充电，飞渡超级电容器充到正向电压后或高电压单体电源电压变为最低后再反向切换到下一个最高电压电源与之并联，如此反复，如图 3-19。

　　CN201711293605（申请日 2017 年 12 月 8 日）提出采用使用半桥单元实现飞度电容均衡的方式，基于图 3-20（a）所示的电路，采用如图 3-20（b）所示的控制时序，开关管 $M_0 \sim M_3$ 的控制信号分别是 $S_0 \sim S_3$，当电池 BATT1、BATT2 之间不需要电压均衡时，$M_0 \sim M_3$ 均关断；当电池 BATT1、BATT2 之间需要电压均衡时，则 S_1、S_3 和 S_0、S_2 为互补信号。设基于 BATT1 和 BATT2 的总电压为 V_{IN}，也即 $V_{IN} = V_{BATT1} + V_{BATT2}$，那么该拓扑的工作原理是：当

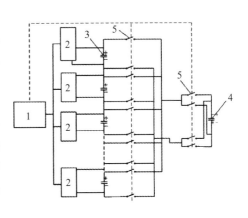

图 3-19　CN201410115260 摘要附图

S_1、S_3 导通时，$V_{IN} = V_{CB} + V_{BATT2}$。于是：$V_{CB} = V_{BATT2}$；当 S_0、S_2 导通时，$V_{CB} = V_{BATT1}$。使得：$V_{BATT2} = V_{BATT1} = V_{IN}/2$，完成电压均衡。

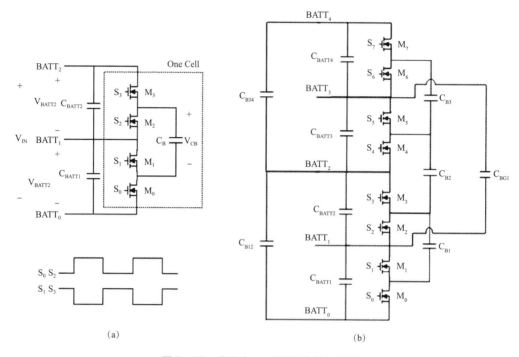

图 3-20　CN201711293605 摘要附图

还可以将至少 2 个相串联的电池作为一组，在这组电池的两端并联组间均衡电容，通过分组，实现多级式电压均衡。不仅可以提高均衡速率，也可进一步提高均衡精度。其中分组方式具有多元化特性，并且与电池组实际组成模式紧密相关。

（三）非能耗型 DC/DC 变换器法

DC/DC 变换器法的优点是能量损耗低，均衡速度快，易于模块化，适合在充放电功率高、充放电电流大的场合使用。缺点在于，对于 N 个单体组成的串联储能组，非隔离式 DC/DC 变换器法需要 N-1 个变换器，隔离式 DC/DC 变换器法需要 N 个变换器，功率器件以及磁性元件多，成本高，且由于加入大量电子元器件，造成电路复杂、控制难度上升、可靠性低。另外，由于它是相邻两单元之间的能量转移，当需要均衡的单体距离较远时，能量需要被依次传递，效率低。DC/DC 变换器法的控制策略是：相邻单元间压差减小到允许范围内时，均衡电路停止工作，这样带来的问题是组内单元电压的梯度差，即存在 u1 > u2 > …… > uN 或反之，虽然相邻单元压差小，但两端电容单元压差由于累积变得较大，不能真正实现均衡，因此只有各单元电压与平均值间的差小于某一值时才可作为终止判据，但需要加入庞大的电压检测电路。

1. 隔离型 DC/DC 变换器法

隔离型即意味着包含变压器。隔离型的均衡电路大致可以分为分布式和集中式。分布式是指每一个单体或者小组包含一个隔离型 DC/DC 变换器；集中式是指变压器原边只有一个绕组，而副边对应于每个单体分别设置绕组，亦即多绕组输出的形式。

包含变压器的 DC/DC 变换器应用于电压均衡时，又可以分为能量单向流动和能量双向流动两类。

（1）单向－集中

真正的应用于电池组单体均衡的集中式均衡电路始于 2001 年 11 月 20 日的日本专利申请 JP2001－354079，其公开了一种电池组用电压均衡装置，通过普通的多绕组输出结构，当检测到副边电池电压有低压情况时，导通原边进行工作，将电池组的能量自动供应给电压低的单体。这在实质上属于自动均衡，即一旦原边开关连接变压器开始工作，能量即自动分配。摘要附图如图 3－21。

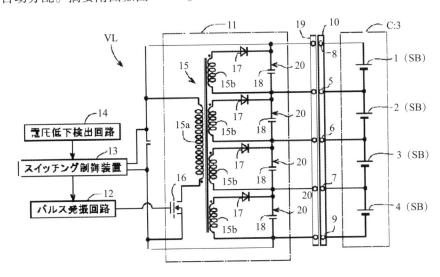

图 3－21　JP2001－354079 摘要附图

富士重工业株式会社 JP2002－363540 的申请，在原来多绕组输出的基础上，加入了原边侧以及副边侧的控制，防止负载回路误动作，相对于上一实例而言，这属于副边可控的整流，因此实质为被动均衡，即能量的流向由副边晶体管的工作决定。摘要附图见图 3－22。

（2）双向－集中

CN2016206623195 通过设置采集单元及时采集每个供电单元中电池单体的电压，均衡控制单元根据每个电池单体的电压生成第一控制信号并同时开启偶数位置或者奇数位置的供电单元，实现电池单体中电量双向移动，无须利用非耗能元件转移电池单体高出的电量，而是通过控制供电单元的开启与关闭直接均衡多个电池单体之间的电量，均衡效率高。摘要附图见图 3－23。

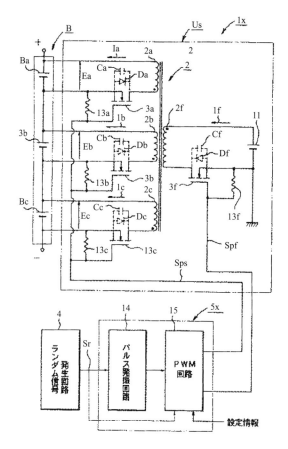

图 3 -22　JP2002 -363540 摘要附图

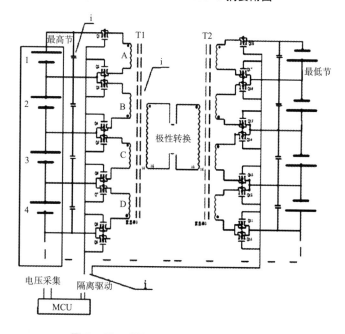

图 3 -23　CN2016206623195 摘要附图

（3）单向－分布

CN201410165272公开了一种单向模块化大功率电池均衡用DC/DC变换器电路，包括串联电池组、微控制器（MCU）、DC/DC变换器。所述DC/DC变换器包括n个与所述n节单体电池一一对应的均衡单元，n个均衡单元均包括均衡电路和均衡变压器。这一实例中提供的单向模块化大功率电池均衡用DC/DC变换器电路，实现了大功率主动均衡，在面对大容量串联电池组时也能够达到均衡的目的。摘要附图见图3－24。

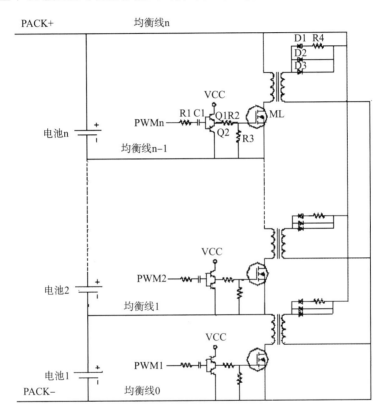

图3－24　CN201410165272摘要附图

（4）双向－分布

分布式的均衡电路意味着每一个单体或组对应一个变换器，如CN2011104184284，一种串联电池组的能量同步转移复合型自动均衡电路及均衡方法，包括：根据串联电池组中电池单元数量而设置的n个电池单元能量双向转移复合型均衡模块、主控制模块和均衡总线；其中，n≥1，所述电池单元能量双向转移复合型均衡模块对应一个由k个串联的电池单元组成的电池模组，其中k＞1；所述电池单元能量双向转移复合型均衡模块由开关矩阵、均衡控制模块、双向DC/DC模块、k个放电均衡电路和模式控制开关组成。这一实例通过复合型的均衡电路，利用各类电路的优点，分层级进行均衡，均衡效果更全面。摘要附图见图3－25。

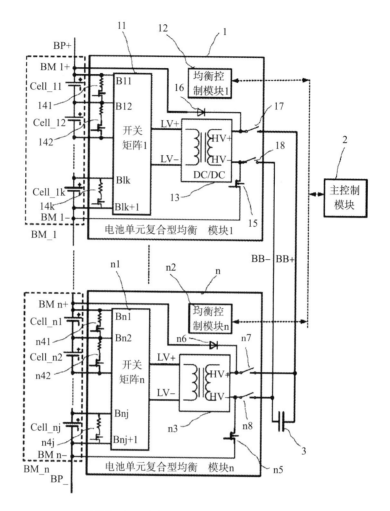

图 3-25　CN2011104184284 摘要附图

2. 非隔离型 DC/DC 变换器法

非隔离型均衡电路，亦即采用不含有变压器的 DC/DC 变换器作为均衡电路。非隔离型的电路不能如隔离型的包含变压器进行多绕组输出，即每一个单体或组需要分别对应一个 DC/DC 电路。由于非隔离需要给每一个单体或组配备 DC/DC 电路，造成开关数量巨大，且由于 DC/DC 变换器包含磁性元件多，成本相应就更大，因此在大规模场合其应用率相比隔离型小很多。但非隔离型的电路优点在于效率高、速度快。

而从各国申请可以看出，国外在这一方向上的申请量很少，主要是国内在研究其应用和改进，如图 3-26。

非隔离型电路的开端是一件美国申请 US20000659395A，该申请公开了一种电池模组的均衡，是由通用汽车申请的用于电动汽车动力电池组的均衡，其明确提出了应用非隔离的 DC/DC 变换器作为电池均衡电路。但未公开具体的电路结构。摘要附图见图 3-27。

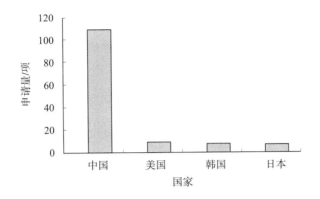

图 3 - 26　非隔离型电路各国申请量

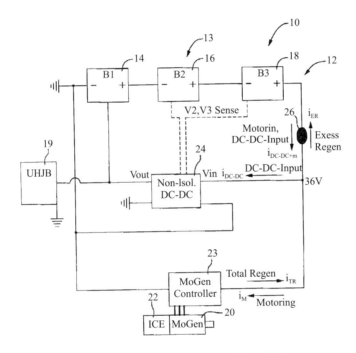

图 3 - 27　US20000659395A 摘要附图

　　国内研究主要集中在 Buck/Boost 电路及其改进上，另外还包括少量对丘克电路、谐振电路的研究。

　　CN2010206878479 由双向 Buck/Boost 和 Boost 组成变换器构成，能够实现快速均衡，把电量偏高电池上的能量的一部分转移到邻近的电量偏低电池上。摘要附图如图 3 - 28。

　　山东大学的申请 CN2014107988731 公开了一种基于 Buck - Boost 双向 LC 谐振变换器的均衡电路，可实现能量的双向流动。可以看出，国内对均衡电路的研究越来越深入，在从效率和功率等多方面对电路进行改进。CN2014107988731 的摘要附图见图 3 - 29。

　　CN2017102612557 公开了一种电池单体间均衡电路结构和均衡方法，有效降低电路成本，提高均衡效率。摘要附图见图 3 - 30。

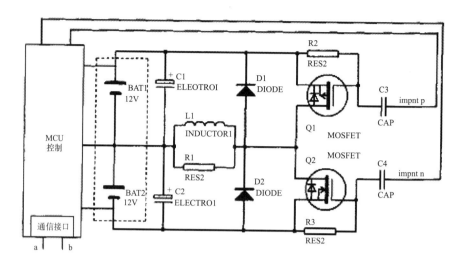

图3-28　CN2010206878479 摘要附图

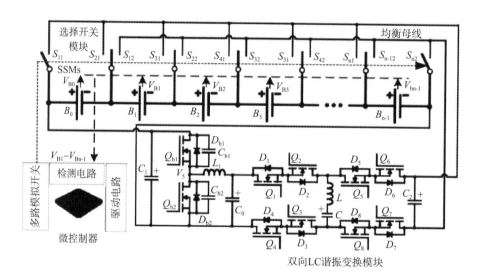

图3-29　CN2014107988731 摘要附图

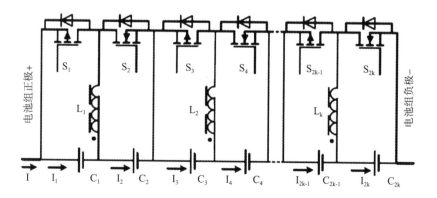

图3-30　CN2017102612557 摘要附图

基于上述举例，结合图3-31所示的技术演进路线可以看出，非隔离型的专利申请主要集中在电路及其改进上，其中Buck/Boost是得到研究比较多的电路，所获的改进也非常丰富，目的分别是提高均衡效率、提高均衡速度以及减少电路元件。因为对于均衡电路来说，所追求的目标包括改善均衡速度和均衡效率以及在此基础上减少成本。除此之外，也有少量研究丘克变换器和谐振变换器的专利申请。

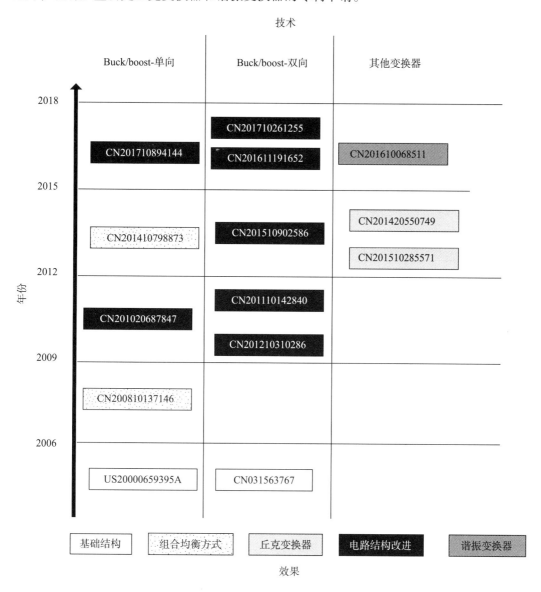

图3-31　非隔离型DC/DC变换器技术演进路线

（四）技术分支综合分析

通过对各种电压均衡方法的分析论证和比较，可总结各种方法的优缺点和适用场合：能耗型均衡方法电路简单、成本低，但其耗能和发热问题使其只能在小功率，小电流场合应用；开关电容法不存在能耗和发热问题，且均衡电路参数差异和电容参数差异都不影响其均衡效果，但能量转移速度慢，在大电流快速充电情况下均衡能力不够；DC/DC变换器法利用变换器进行能量转移从而实现均衡，均衡速度快、效率高，但因为每个单体或每两个单体都需要配备一个变换器，控制复杂、成本高，适合充放电功率高、电流大的场合；作为DC/DC变换器法中的一个分支，多输出变压器式均压法需要的开关管数量少，只需一个DC/DC变换器，因此控制简单且均衡速度快。如表3-1所示。

表3-1　各种电压均衡方法的优缺点和适用场合

类别	优点	缺点
能耗型均衡法（并联电阻法、并联稳压二极管法、并联开关电阻法）	电路简单、成本低、均衡效果好、可靠性高	耗费能量、电阻发热量大，只能在小功率、小电流场合应用
开关电容法	能量消耗小、无电压差积累的功率器件少、成本较低	能量转移速度慢，在大电流快速充电情况下均衡能力不够
DC/DC变换器法	均衡速度快、效率高、充放电功率高，适用于电流大的场合；能量损耗低、电压均衡速度快、对充放电状态都可以进行电压均衡	需要的电感、开关管等功率器件较多、控制复杂、成本高
多输出变压器法	控制简单且均衡速度快	

基于表3-1，图3-32显示了能耗型电阻法、开关电容法、DC/DC变换器法这三种电压均衡方法的专利申请量趋势分析。能耗型电阻法的专利申请量在2004年开始进入快

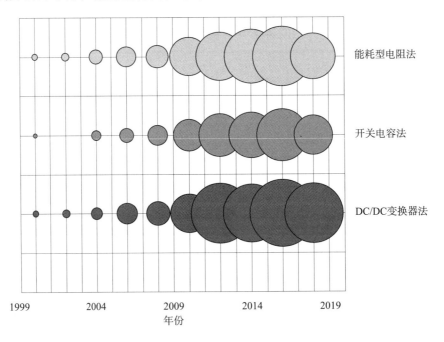

图3-32　三种电压均衡方法的专利申请量趋势分析

注：图中图形表示申请量，大小代表数量多少。

速增长趋势，并且这种快速增长趋势一直保持到现在（2017～2018年的部分专利申请案件由于仍然处于专利申请的保密期而无法正常体现），尤其是2008年金融危机结束后的2010年，能耗型电阻法的专利申请量更是出现了爆发性增长，而后继续保持之前的快速增长趋势。与能耗型电阻法的表现相似，开关电容法、DC/DC变换器法这二种电压均衡方法的专利申请量保持相对同步的发展趋势，均是在2004年开始进入快速增长趋势并在经历2010年的爆发性增长后又重新回到之前的快速增长趋势。

虽然能耗型电阻法、开关电容法、DC/DC变换器法保持相对同步的发展趋势，但三者的相对占比则表现出不同的趋势，如图3-33所示。

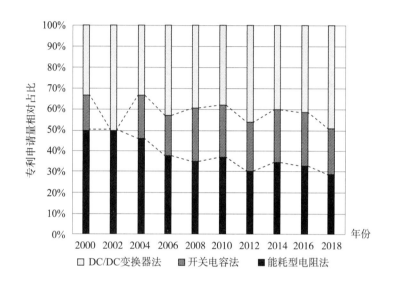

图3-33　三种电压均衡方法专利申请量的相对占比年度分析

能耗型电阻法在三者中的相对占比呈逐年下滑的趋势，在2000～2008年期间尤其明显，并且在2010年后这种下滑趋势才趋于平缓。能耗型电阻法专利申请量的相对占比出现这种下滑趋势与其优缺点具有直接的联系——正是由于能耗型电阻法有电路简单、成本低、均衡效果好、可靠性高等优点，因此其技术相对简单、入市门槛较低，同时只能在小功率、小电流场合应用，对于刚开始在电池领域进行专利布局的企业而言，具有技术起点低、见效速度快等特点，是企业最好的入门选择，但是其存在的耗费能量、电阻发热量大等缺点是限制其进一步发展的瓶颈。

开关电容法在三者的相对占比在2000～2008年呈现波动增长，但在2008年之后则保持在较为稳定的水平。开关电容法克服了能耗型电阻法存在的耗费能量、电阻发热量大等缺点，具备了能量消耗小、无电压差积累的功率器件少、成本较低等优点。在DC/DC变换器法技术尚未完全成熟的情况下，开关电容法仍然具有可深度挖掘的技术价值。

虽然与其他两种方法同时起步，但是由于具有需要的电感、开关管等功率器件较多，控制复杂，成本高等众多缺点，DC/DC 变换器法的专利申请量在三者中的占比增长整体较为缓慢。尤其是 2006 年以前，在电池行业刚刚起步时，DC/DC 变换器法由于其上述缺点导致入市非常缓慢，甚至出现了占比减少的情况。2008 年金融危机的冲击过后，随着市场对电池的均衡速度、均衡效率、充放电功率以及电流等参数的要求大大提高，DC/DC 变换器法具备的均衡速度快、效率高、充放电功率高、电流大等优势逐步显现了出来。同时，广阔的新能源市场仍然需要具有能量损耗低、电压均衡速度快、对充放电状态都可以进行电压均衡等优点的 DC/DC 变换器法得到进一步技术释放。相信在不久的将来，DC/DC 变换器法会克服功率器件较多、控制复杂、成本高等缺点，从而得到更大的技术应用。

四、总结与展望

本文基于目前公开的专利申请，尤其是中国专利态势，从申请趋势、主要申请人等角度，对二次电池/超级电容均衡专利状况进行分析，其中详细分析了能耗型、非能耗型电容法以及 DC/DC 变换器法的优缺点以及未来发展趋势。

规模储能技术可以配合新能源发电实现平滑输出、削峰填谷等功能，有很好的应用前景，而可靠、经济的均衡技术是实现规模储能应用的重要技术保证。由于规模储能电站使用年限较长，电池单体数量庞大，一般没有复杂工况，对均衡速度要求不高，因此对均衡电路的主要要求是开关元件较少、结构简单、损耗低、成本低、可靠性高。目前规模储能均衡技术的主流是根据实际系统设计需要，将基本拓扑变换或将几种基本拓扑综合应用，以电池工作电压一致作为均衡目标，通过平均值计算，达到均衡目的。目前多以几种方式配合，例如在二次电池/超级电容模块组内利用能耗型方式，因为模块组包含的单体较少、组内的能耗小、易设计散热结构，而对于整个储能模块，是由多个模块组组成，模块组之间的均衡就需要利用 DC/DC 变换器法进行均衡，这样处理的功率大，能耗小，效率较高。

未来规模储能均衡技术将向着开关元件较少、结构简单、高效可靠、易模块化、实用性强、控制策略精细的方向发展，而均衡电路的发展与电池或超级电容制造技术也息息相关。日本、美国等国的制造技术领先于我国，因此能够实现均衡电路的简化，例如特斯拉电池组的均衡仅仅是采用电阻能耗型，配备优良的散热结构，因此整个电池组均衡简单、体积小。国内电池制造技术有待改进，因此需要功能更强大灵活的均衡电路与之配合，从而实现两种技术齐头并进、互相促进。

参考文献

［1］李娜，等．磷酸铁锂电池均衡技术综述［J］.华北电力技术，2012，2：60－65.

［2］邢俊芳．储能技术在电力系统中的应用研究［D］.北京：华北电力大学，2014.

［3］丁志辉．分布式直流供电系统中储能接口单元的研究［D］.南京：南京航空航天大学，2012.

［4］孙庆乐．智能电网电池管理系统的研究［D］.青岛：青岛科技大学，2016.

［5］庄怡倩．地铁储能系统中超级电容电压均衡问题的研究［D］.南京：南京航空航天大学，2014.

高压直流输电系统换流阀专利技术综述[*]

李炜　刘昊[**]　武瑛[**]

摘　要　高压直流输电（HVDC）是一种新型输电形式，在换流站通过交流与直流之间的变换从而实现高效的电力传输。换流器作为换流站的关键设备，同时也是智能电网领域高压直流输电系统的核心设备，其稳定性和可靠性关系着系统的安全运行。换流阀是换流器最基本的组成单元，主要包括用以实现换流桥臂功能的可控或不可控开关设备，其可分为组件构成及驱动方式、基于阀组件所构成的换流器系统、冷却系统三个技术分支。本文在充分检索的基础上，对换流阀的专利申请量趋势、IPC分布、主要申请人、中国申请量省市排名进行了统计分析，同时基于三个技术分支的专利申请，对其关键技术的申请分布和技术发展路线进行了分析，对智能电网系统的换流阀技术进行了展望。

关键词　高压直流输电　HVDC　换流器　换流阀

一、引言

随着电力电子技术以及智能电网的发展，直流输电技术备受关注。直流输电系统主要由换流站（整流站和逆变站）、直流线路、交流侧和直流侧的电力滤波器、无功补偿装置、换流变压器、直流电抗器以及保护、控制装置等构成（如图1-1所示）。其中换流站是直流输电系统的核心，它完成了智能电网系统交流和直流间的变换，是影响高压直流输电系统性能、运行方式、设备成本以及运行损耗等的关键因素；通过依次将三相交流电压连接到直流端得到期望的直流电压和实现对功率的控制；其价值约占换流站成套设备总价的22%~25%。换流站在整流侧采用整流器，在逆变侧采用逆变器。换流阀有早期的汞弧换流阀和近代的晶闸管换流阀，最近20年左右，晶体管的使用在逐渐增加。根据换流站直流侧特性划分，换流器分为电流源换流器（CSC）

---

　　* 作者单位：国家知识产权局专利局专利审查协作北京中心。
　　** 等同第一作者。

和电压源换流器（VSC）。电流源换流器的直流侧通过串联大电感而维持直流电流近似恒定，电压源换流器的直流侧通过并联大电容而保持直流电压近似不变。第一代高压直流输电基于汞弧阀，第二代直流输电技术基于晶闸管。20 世纪 90 年代末，基于可关断器件和脉冲宽度调制（PWM）技术的电压源换流器（VSC）开始应用于直流输电，标志着第三代柔性直流输电技术的诞生。针对晶闸管换流阀，根据换流器单元结构的不同分为三种：每极 1 组 12 脉动换流器，每极两组 12 脉动换流器串联式换流器和每极 2 组 12 脉动换流器并联式换流器。其中 12 脉动换流器是常规高压直流输电的典型换流器。1990 年由加拿大麦吉尔大学首次提出基于电压源的高压直流输电技术，1997 年 ABB 公司首次实现了电压源换流器（VSC）– HVDC 工程的成功运行。

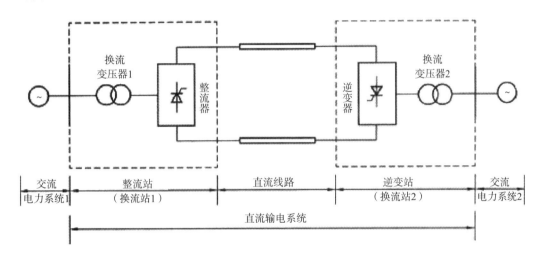

图 1 – 1　直流输电系统结构

我国是世界上直流输电运用量最多的国家，但由于过去换流阀的核心技术一直由国外企业垄断，因此在换流阀技术领域长期一直依赖进口。直到 2010 年，中国电力科学院研究院经过近 6 年的集中攻关，自主研发了 ±800 千伏/4750 安特高压直流换流阀，实现了真正的设备国产化，打破了技术依赖。在专利检索与服务系统中检索发现，我国主要申请人为中国电力科学研究院、南方电网、华北电力大学、国网智能电网研究院、南瑞和许继。上述申请人的专利申请量占我国申请人提出的专利申请总量的 70%；国外的主要申请人为 ABB 公司、西门子公司和通用电气（GE），其专利申请量占国外申请人提出的专利申请量的 83%。直流输电换流阀相关专利申请主要集中在国际分类表的 G 部、H 部。本文对适用于高压直流输电的换流阀技术，从电路结构、控制方式、冷却方式等多方面分析其国内外专利申请的发展状况，总结了国内外高压直流输电换流阀技术的发展趋势，并展望了其发展和应用前景。

二、全球及国内专利概况

在专利检索与服务系统（Patent Search and Service System，以下简称"S 系统"）的中国专利检索系统文摘数据库（CPRSABS 数据库）和德温特世界专利索引数据库（DWPI 数据库）中利用关键词和分类号等多种检索手段对相关的专利进行检索，并结合转库，检索到涉及高压直流输电系统换流阀领域全球专利申请 2068 件和国内专利申请 1759 件（检索日期截至 2018 年 8 月 10 日）。基于检索到的专利申请分别进行了全球和国内数据的定量和定性分析，分析结果如下文所示。

（一）全球及中国专利申请量趋势

如图 2 - 1 所示，全球与中国高压直流输电系统换流阀的专利申请趋势是基本一致的。但是国外相关专利申请起步于 20 世纪 70 年代，而中国的相关专利申请起步较国外晚了约 30 年，于 2000 年起步。全球的高压直流输电系统换流阀相关技术到 2005 年之前每年只有少量专利申请，之后呈增长趋势，2005～2010 年全球相关技术专利申请量增至 300 余件，2010 年之后全球相关技术专利申请量显著增长。国内的相关技术专利申请量趋势与全球趋势基本相同。

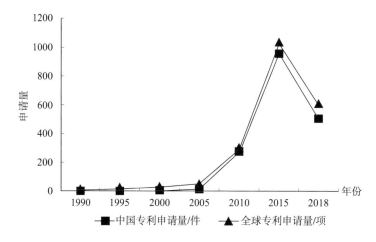

图 2 - 1　高压直流输电系统换流阀相关技术全球和中国专利申请量趋势图

（二）全球及中国 IPC 分布

如图 2 - 2(a)以及图 2 - 2(b)所示，全球与中国的专利申请的 IPC 分布基本一致，分布相对集中，前三位 IPC 主分类号均为 H02J(供电或配电的电路装置或系统；电能存储系统)、H02M(用于交流和交流之间、交流和直流之间或直流和直流之间的转换以及用于与电源或类似的供电系统一起使用的设备；直流或交流输入功率至浪涌输出功率的转换；以及它们的控制或调节)、G01R(测量电变量；测量磁变量)等。上述三类分别占比

39%（全球）和37%（中国）、36%（全球）和20%（中国）、10%（全球）和14%（中国）。其他的分类号有H02H（紧急保护电路装置）、H05K（印刷电路；电设备的外壳或结构零部件；电气元件组件的制造）、G06F（电数字数据处理）、G05B（一般的控制或调节系统；这种系统的功能单元；用于这种系统或单元的监视或测试装置）、H01L（半导体器件）等，占比在1%~9%。剩余的分类号分布较广，但不够集中，此处不再赘述。

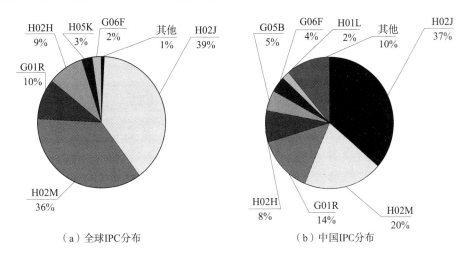

（a）全球IPC分布　　　　　　　　　（b）中国IPC分布

图2-2　高压直流输电系统换流阀相关技术专利申请 IPC 分布

（三）全球和中国主要专利申请人

如图2-3所示，全球申请量排名靠前的申请人均为电力电子领域传统企业，分别为ABB公司、通用电气（GE）和西门子公司等。其中ABB公司的相关技术申请量高居首位，明显高于排名其后的通用电气（GE）。中国电力科学研究院的相关技术申请量排名比较靠前，上述排名也体现出我国在直流输电领域的科研虽然起步晚，但是起点较高，而且正在以较快速度向世界一流企业逐步靠拢。

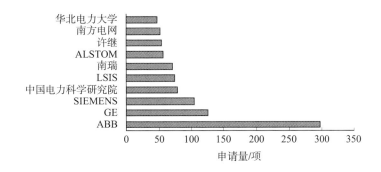

图2-3　高压直流输电系统换流阀相关技术全球主要专利申请人

如图2-4所示，中国申请量排名前四位分别为中国电力科学研究院、南瑞、许继和南方电网。上述申请人的相关技术申请量比较接近，研发和工程实力相对均衡。中国电力科学研究院、南瑞、许继和南方电网作为我国直流输电领域的知名科研院所和直流输电装备设计及工程公司，以国内高压直流输电工程为依托、以技术研发和工程实践为基础，在直流输电领域的不同方面各具特色且具有明显优势。以中国电力科学研究院为代表的科研院所主要偏重于试验以及相关理论基础，而以南瑞、许继为代表的直流输电装备设计及工程公司的相关申请主要集中于直流输电工程的实践应用方面。

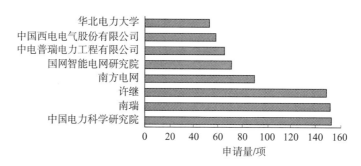

图2-4　高压直流输电系统换流阀相关技术中国主要专利申请人

从图2-3和图2-4还可以看出，由于我国在高压直流输电系统领域起步较晚，目前国际上高压直流输电系统的相关专利申请仍然以传统老牌欧美企业占据领先地位。但是我国电力系统的相关企业和科研院所在既有的平台上也正在为实现智能电网系统的国产化奋起直追，并且科研成果遍地开花，成绩斐然，而且近年来我国直流输电工程的实践应用也印证了这一事实。

（四）中国专利申请量省区市分布

如图2-5所示，我国各省区市在高压直流输电系统换流阀领域的相关专利申请突破100件的有五个，分别为北京、广东、江苏、河南以及陕西。该图在一定程度上也客观反映了相关申请人的集聚地，其中北京具有三大科研机构（中国电力科学研究院、华北电力大学和国网智能电网研究院）以及众多的电力电子相关企业，广东以南方电网为主，江苏以南瑞为主，河南以许继为主。

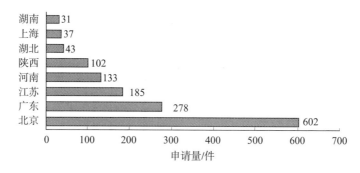

图2-5　高压直流输电系统换流阀领域中国申请量主要省区市分布

三、关键技术分布和技术发展路线

（一）关键技术方面的申请分布状况

换流阀作为直流输电系统的关键设备，主要包括组件构成及驱动方式、基于阀组件所构成的换流器系统、冷却系统三方面关键技术。

1. 换流阀组件构成及其驱动

参见图3-1，换流阀主要由晶闸管、阻尼电容、均压电容、阻尼电阻、均压电阻、饱和电抗器、晶闸管控制单元等零部件组成，其中，晶闸管是换流阀的核心部件，其决定了换流阀的通流能力，通过将多个晶闸管元件串联可得到具有设定系统电压的晶闸管阀段。近年来，正是由于换流阀制造技术以及阀的控制和调节技术的发展，使得高压直流输电的发展进入了一个崭新的阶段。

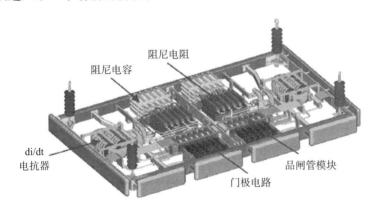

图3-1 晶闸管换流阀结构

换流阀作为直流输电系统的关键设备，其申请量也占一定比例，其中多涉及相关构件的试验、阀基电子设备 VBE 的相关控制方法及其具体应用等。从图3-2可以看出，换流阀组件的具体应用占比最大，另外涉及换流阀的相关试验装置、试验方法以及阀基电子设备 VBE 的相关控制方法也占比较大。

2. 基于阀组件所构成的换流器系统

按照实现功率转换的关键器件划分，换流器可

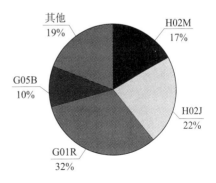

图3-2 阀组件申请量分布

分为晶闸管换流器和全控器件换流器。前者指由半控器件晶闸管组成的换流器［参见图3-3(a)］，后者指由全控器件（又称自关断器件，如 IGBT、IGCT)组成的换流器［参见图3-3(b)］。以换流方式划分，换流器分为电网换相换流器（LCC）和器件换相换流器

（DCC）。前者采用晶闸管器件，由电网提供换相电压而完成换相，后者由全控器件组成，通过器件的自关断特性完成换相。根据换流器直流侧特性划分，换流器又分为电流源换流器（CSC）和电压源换流器（VSC）。电流源换流器的直流侧通过串联大电感而近似维持直流电流恒定，电压源换流器的直流侧通过并联大电容而保持直流电压近似不变。电压源换流器依据其拓扑结构进一步分为两电平和模块化多电平换流器（MMC）等结构。

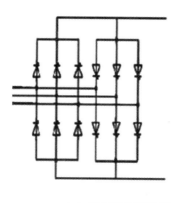
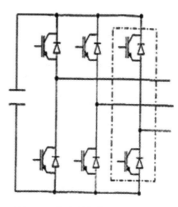

（a）LCC 换流器架构图　　　　　（b）VSC 换流器架构图

图 3-3　以关键器件划分换流器

在 S 系统相关数据库中进行检索发现，在换流器分支下，其申请主要分布于换流器的相关控制理论、智能电网中的相关工程应用以及试验方法，具体参见图 3-4。其中换流阀具体构件的比例较小。不难看出，随着智能电网以及直流输电技术的发展，目前主要以晶闸管换流阀的工程应用和 IGBT 换流阀的技术研究两方面作为研发热点。由相应换流阀构成的换流器的控制理论和试验方法的改进成为科研团队和工程实践者追求的目标。

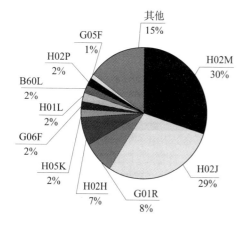

**图 3-4　换流器系统申请量
IPC 分类分布**

3. 冷却技术

高压直流输电系统的换流阀冷却系统虽然为辅助系统，但是其在实际运行管理中处于核心设备地位，这是因为换流阀冷却系统直接关系着一个换流站内最核心、技术含量最高、造价也最昂贵的换流阀运维状况的好坏。换流阀冷却系统包括内冷系统、外冷系统、输配水系统及控制系统，其中内冷系统包括主循环冷却回路、纯水处理回路、稳压系统、仪表监控系统。换流阀冷却系统的主机和控制系统如图 3-5 所示。外冷系统包括空气冷却器或闭式冷却塔，闭式冷却塔常配有纯水软化装置、反渗透装置。在柔性直流输电系统中，基于模块化多电平的换流阀是其核心部件，一般采用 IGBT 来代替晶闸管作为换流阀。换流阀冷却系统为换流阀子模块提供冷却功能，可对冷却水的温度、流量、电导率等指标进行精确控制，并能实现系统即时通信、控制和保护功能。

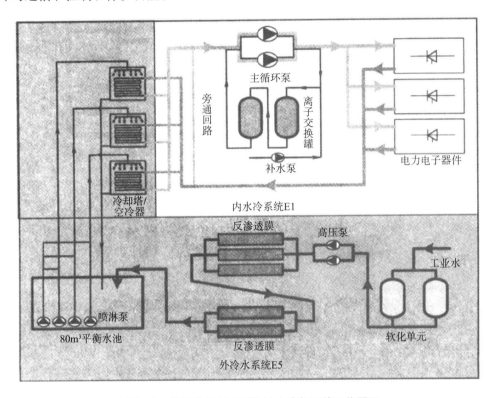

图 3-5　常规的密闭式循环纯水冷却系统工作原理

　　纵观冷却系统的相关专利申请，其技术分支大致分为四个方面：冷却系统相关结构、冷却系统控制系统、冷却系统测试检测装置以及冷却系统模拟仿真装置。各分支的专利申请量占比如图 3-6 所示，其中专利申请量主要集中在冷却系统相关结构这一分支上，占据了 78% 的申请量。

（二）技术发展路线分析

1. 换流阀组件构成及其驱动的发展

图 3-7 展示了换流阀及其相关组件的技术发展路线，如图所示，最早的换流阀基于汞弧阀，1901 年汞弧阀整流管出现，但是最初只能用于整流，而不能进行逆变。1928年，具有栅极控制能力的汞弧阀研制成功，不但可用于整流，也解决了逆变问题，从而

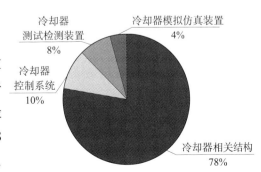

图 3-6　冷却系统各分支的专利申请量分布

使直流输电成为现实。西屋电气的 GB289536A（申请日：1927 年 1 月 28 日）提供了一种基于汞弧阀从而实现逆变的技术方案；ABB 公司申请的 GB853912A（申请日：1958 年 6 月 25 日）提供了相对完善的应用汞弧阀的高压直流输电系统。但是，在正常运行情况下，基于汞弧阀的换流阀系统会出现逆弧现象。为克服逆弧现象的发生，ABB 公司申请的 GB775620A（申请日：1955 年 5 月 17 日）和日立公司申请的 US3636431A（申请日：1969 年 12 月 24 日），均提供了通过在换流器桥臂构筑旁路阀从而熄灭逆弧使系统快速恢复正常运行状态的技术方案，以此克服了传统汞弧阀应用中出现的逆弧现象。1954 年世界上第一个应用汞弧阀的工业性直流工程在瑞典投入运行。

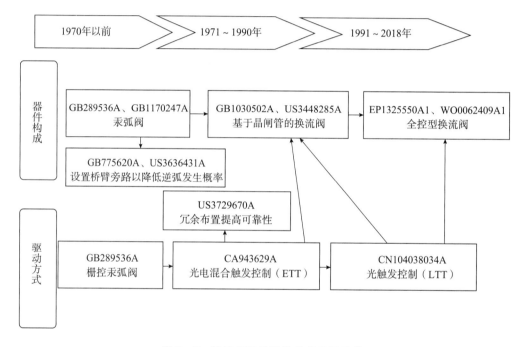

图 3-7　换流阀相关组件技术发展路线

但是，汞弧阀制造技术复杂、价格昂贵、逆弧故障率高、可靠性低、运行维护不便，使直流输电的发展受到限制。20 世纪 70 年代，最后一个采用汞弧阀的高压直流输电工程投入运行，与此同时，基于晶闸管的换流阀已开始研究和应用，在瑞典的哥特兰岛扩建工程中首次采用晶闸管换流阀，最初，其额定电流只有 200A，额定电压只有 50kV。目前晶闸管换流阀的额定电流最高达 4500A，额定电压最高达 800kV。ABB 公司的 GB1030502A（申请日：1963 年 3 月 19 日）、US3448285A（申请日：1967 年 6 月 14 日）均提供了一种基于晶闸管换流阀的直流输电系统的典型应用。

晶闸管换流阀比汞弧阀具有明显优点：晶闸管换流阀体积减小，成本降低，且没有逆弧故障，制造、试验、运行和维护都比汞弧阀方便。自 20 世纪 70 年代后，新建的高压直流输电工程均采用晶闸管换流阀。

就晶闸管的控制方面而言，根据触发方式不同，晶闸管阀又可分为基于光电混合触发的晶闸管换流阀（ETT）和光触发晶闸管换流阀（LTT）。通用电气（GE）的CA943629A（申请日：1972年3月30日）提供了一种光电混合触发的典型应用，晶闸管元件的门极为"电触发"；为解决处于低（地）电位的触发脉冲发生装置与高电位的晶闸管元件门极通道之间的绝缘以及触发信号在传输过程中受到电磁干扰的问题，触发和监控均以光脉冲形式通过光纤电缆传输。然而，在光电混合触发应用中，位于高电位的晶闸管电子设备TE板为光电混合触发（ETT）阀控制保护功能的核心部件，晶闸管电子设备TE板上电路较复杂，电源功率较大且高电位运行，占据了换流阀中90%以上的电子元件，是阀中最"脆弱"的元件，约90%的TE板损坏由耦合取能回路引起，约10%由晶闸管过电压保护BOD元件故障所致。通用电气（GE）的US3729670A（申请日：1971年2月12日）还公开了一种冗余设置触发方式的换流阀，通过冗余布置来提高系统的可靠性，但是因TE板的重要性和"脆弱"性，其可靠与否始终是换流阀可靠性的焦点之一。

光触发晶闸管换流阀（LTT）的阀控装置的发展解决了光电混合触发晶闸管阀（ETT）中TE板结构复杂的问题。西门子公司及其阀片合作厂EU PEC和日本东芝公司等继续努力并已取得相当大进展。西门子公司采用光触发晶闸管LTT的换流阀于1997年10月在美国CEL ILO换流站投入试运行至今，其结果令人满意。LTT阀技术的核心是光脉冲不经光电转换而直接送到晶闸管元件的门极光敏区以触发晶闸管阀片，因此，除LTT阀片本身具备其特有的光敏区从而在阀片技术特性上与ETT相比有改变以外，它在光信号源、光脉冲传输及监控保护技术等方面也有独特的技术特点。中国西电电气的CN104038034A（申请日：2014年6月20日）提供了一种基于光触发晶闸管的换流阀的控制和监测装置。

对于LTT技术在国内的发展，实际上，西安整流器研究所已于1988年完成了关于LTT研制的国家重点项目，但因技术、成本和市场原因，基本上未投入实际应用。

在直流输电系统中，换流站极控系统、换流阀阀基电子设备VBE及晶闸管级门极单元构成换流阀的整个二次监控系统，如图3-8所示，门极单元监控一级晶闸管，并实时上报阀基电子设备VBE本晶闸管级的运行状态。阀基电子设备汇总所有门极单元信息，综合判断后上报极控系统，同时阀基电子设备接收极控系统命令向门极单元发送控制命令。通用电气（GE）申请的GB1361889A（申请日：1972年8月9日）和US3737763A（申请日：1972年4月13日）均提供了较为完善的阀基控制系统。

另一方面，基于直流输电系统的特点，高压直流输电换流阀的可靠性成为系统安全的关键。在相关数据库中检索发现，关于换流阀的试验测试比重较大。目前国际上普遍采用合成试验方法来进行高压直流输电换流阀的运行试验，其基本思想是采用两套电源系统分别为晶闸管阀提供大电流和高电压强度。中国电力科学研究院申请的CN101162251A(申请日：2007年10月12日)、CN101162252A(申请日：2007年10月12日) 以及 CN101393242A(申请日：2007年9月18日) 分别提供了用于高压直流输电换流阀双注入、三注入以及单注入试验的试验方法，通过一系列辅助阀的触发配合，使被试阀耐受同实际运行工况相当的电压、电流与热强度，从而实现对高压直流输电换流阀正常运行工况的试验与考核。

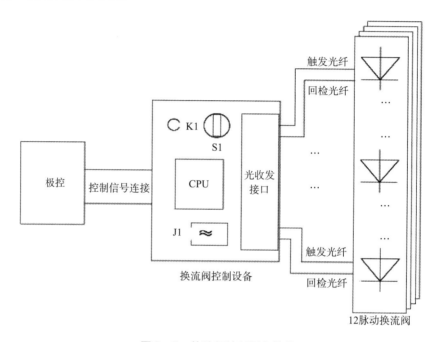

图3-8　换流阀控制设备结构

基于晶闸管在换流阀的工程实践应用中发现，高压直流输电系统中的晶闸管换流阀属于半可控器件，其开通可控但关断不可控，这使得高压直流输电系统的启动和运行需要具有一定可靠性的交流系统，以满足换流器换相的需要。由此，随着智能电网的进一步发展，IGBT换流阀模块应运而生，IGBT阀模块实现了有功和无功的四象限解耦控制，其在控制有功功率传输的同时，又可以控制无功功率的传输。ABB公司申请的WO0062409A1(申请日：2000年3月29日) 以及 EP1325550A1(申请日：2001年10月4日) 均公开了一种基于IGBT换流阀构成的VSC换流器的应用。IGBT换流阀的出世，使系统的可控性更强，运行更加灵活，代表着直流输电系统在智能电网领域又上了一个新的台阶。

2. 由相关阀组件所构成的换流器技术的发展

基于相应换流阀所构成的换流器技术发展路线如图3-9所示，换流器在高压直流输电系统可分为两种类型：第一类是需要交流系统提供换相电压的换流器，传统晶闸管换流器LLC即属此类，晶闸管换流器LLC也称为电网换相换流器，又因其直流电流近似恒

定，所以也属于电流源换流器。ABB 公司申请的 GB775620A（申请日：1955 年 5 月 17
日）和 US3499165A（申请日：1967 年 6 月 22 日）均提供了一种较为完善的基于传统技
术的晶闸管换相换流器 LCC 的典型应用。图 3 - 10（a）展示了一种最基本的 LCC 换流器
的实现方式。第二类因不需要交流系统支持换相而被称为"自换相换流器"。自换相换
流器克服了传统换流器的许多缺点，有着传统换流器所无可比拟的优势。按照直流电路
的设计，自换相换流器可进一步分为电流源型换流器 CSC 和电压源型换流器 VSC。典型
VSC 换流器结构如图 3 - 10（b）所示。ABB 公司提出的 WO2006025782A2（申请日：2005
年 8 月 30 日）公开了一种基于 VSC 换流器的典型应用。

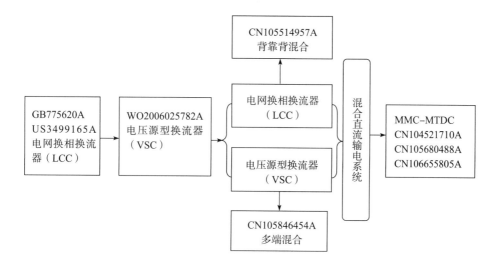

图 3 - 9　换流器技术发展路线

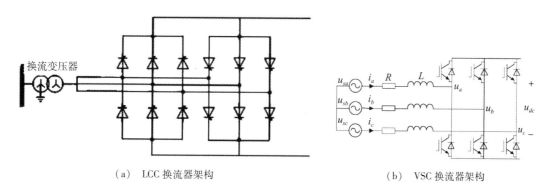

（a）LCC 换流器架构　　　　　　　（b）VSC 换流器架构

图 3 - 10　两种不同类型换流器的典型代表

目前运用前景最广的 HVDC 中采用基于晶闸管的自然换相的整流器技术，其存在着
一些固有的缺点：①由于导通角滞后、熄弧角的存在和波形的畸变，因此需要大量的无
功补偿以及滤波设备，且甩负荷时会因无功过剩而出现过电压现象；②传统的 HVDC 由

于不能向无源网络输送电能，当受端系统较弱时容易产生换相失败。因此，现在逐渐出现了基于电压源型换流器 VSC 的 HVDC。VSC 换流器和传统基于晶闸管的换流器 LCC 的相比有如下许多独特优点：

①可以为短路比低的交流系统输送电能，甚至可以为无源网络输送电能；

②具有静止同步补偿器的功能，可以为交流系统提供无功功率支持以控制交流节点的电压并改善系统稳定性，而且不会有换相失败的危险；

③正常运行时 VSC 换流站可以同时且互相独立地控制有功功率和无功功率；

④采用正弦脉宽调制技术，改善了输出电压波形，减少系统的谐波含量；

⑤控制和运行方式简单，减小了换流站之间的数字通信；

⑥电压源换流器 VSC 对所连交流系统的短路功率没有影响，不会增加系统的短路功率。

尽管电压源换流器 VSC 克服了电流源换流器 LCC 的已知限制性，但其引发了功率损耗增加或效率降低的不利情况。在目前的工程实际应用中，电压源换流器 VSC 仍然存在不能限制 HVDC 传输链路短路（或低电阻）故障电流的缺陷。因此，在电压源换流器 VSC 方面的相关研究可以在此问题上进行拓展。

随着智能电网中直流输电的大规模应用以及电力系统相关理论的逐渐成熟，也推动了混合直流输电技术的发展。混合直流输电结合了传统 LCC – HVDC 技术成熟、成本低的特点以及 VSC – HVDC 无换相失败，控制灵活，拓展性能强的优点，在满足系统输电的同时，能够有效改善目前常规直流输电受端的换相失败等问题。在柔性直流尚不具备与常规直流相当的输电容量的现状下，混合直流输电是一种具备较高技术经济性的优化配置方案，包括多种配置方式，其可基于直流侧、逆变侧以及多端系统进行相应配置。CN105514957A（申请日：2016 年 1 月 28 日）提供了一种基于 LCC 换流器和 VSC 换流器背靠背的混合直流输电系统；CN105846454A（申请日：2016 年 4 月 27 日）提供了一种基于 LCC 换流器和 VSC 换流器的多端混合直流输电系统。

柔性直流输电系统相对于常规直流输电，可以在不改变电压极性的情况下，通过反转电流方向实现潮流反转，适合构成具有较高可靠性的多端柔性直流输电系统（MT-DC）。因输出电压波形质量高、开关损耗低、易于扩容和故障穿越能力强等优势，模块化多电平换流器（MMC）逐渐成为多端直流输电系统发展的趋势，构成目前堪称热点的MMC – MTDC 系统。许继申请的 CN104821710A（申请日：2015 年 4 月 30 日）提供了一种较为完善的 MMC – MTDC 直流输电系统。图 3 – 11 展示了 MMC – MTDC 直流输电系统，但是该直流输电技术作为一项全新的技术，仍然存在换流器内各子模块充电均衡的技术问题，以及换流站间的解锁问题。该技术为目前智能电网领域中技术研发的热点，目前世界范围内仍处于研究起步阶段。

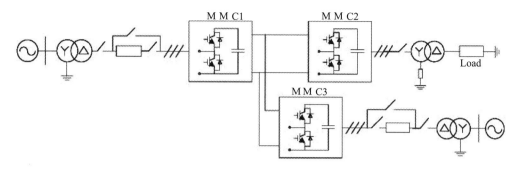

图 3 – 11　混合直流输电系统

3. 冷却系统相关结构的技术发展路线

总体来说，2012 年之前，高压直流输电系统的冷却系统专利申请主要集中在换流阀可控硅为晶闸管这一方面；从 2012 年至今，冷却系统的研究转向了换流阀可控硅为 IG-BT 这一方面。技术发展路线如图 3 – 12 所示。

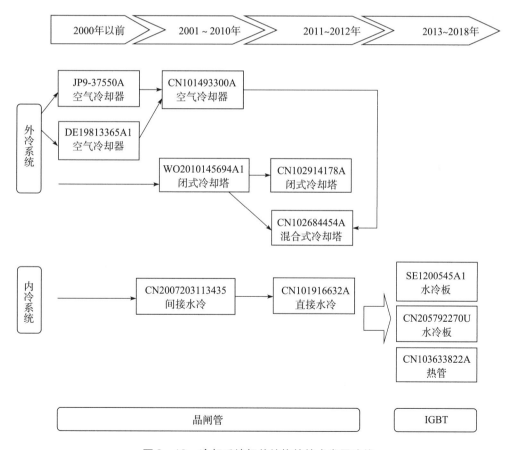

图 3 – 12　冷却系统相关结构的技术发展路线

（1）外冷系统

在早期申请中，三菱电机株式会社提出了水冷式的空气冷却器专利申请 JP9 –

37550A（申请日：1995 年 7 月 14 日），并且配置了漏水检测系统。ABB 公司提出了散热鳍式的空气冷却器专利申请 DE19813365A1（申请日：1998 年 3 月 26 日），其与换流阀直接接触，以获得良好的散热效果。我国在十年之后拥有了空气冷却器的相关专利，较具代表性的是高澜公司提出的直流换流阀冷却用空气冷却器及制造工艺专利申请 CN101493300A（申请日：2009 年 2 月 9 日），其根据我国实际情况对空气冷却器中的主要管材材质和制作工艺做出了合理选择和改善。

与此同时，ABB 公司为了解决闭式冷却塔中使用大量的冷却介质时，不同部件可能产生不同的热量，但是没有考虑到不同的冷却需求，从而导致耗能高的技术问题，提出了专利申请 WO2010145694A1（申请日：2009 年 6 月 16 日），其使用有限量的冷却介质，对不同散热需求的部件进行分组冷却，从而降低了能耗。许继针对闭式冷却塔中的冷却塔盘管等部件的生产、清洗过程对冷却用纯水电导率的不良影响，提出了将冷却塔盘管使用不锈钢材质、一体弯制而成的技术方案，其对应的专利申请为 CN102914178A（申请日：2011 年 12 月 25 日）。

空气冷却器的优点：不再需要频繁清洗冷却器水侧的水垢、微生物结垢及沉积物等，适用于缺水地区且维护方便；去掉了相应的管线，安装也更加简单。但是空气冷却器也有很多局限性，与水相比空气的热导率和比热要低得多，因此空气冷却器的初始费用较高，而且在寒冷的气候下，必须附加防寒设施以保证介质不致低于冷冻温度，这也增加了最初的投资费用。闭式冷却塔采用水作为换热介质，换热效率较高，但是需要靠近水源，而且管道安装复杂。对于高温缺水地区，使用冷却塔作为二次换热就比较困难。在空气冷却器和闭式冷却塔技术发展较为成熟之际，高澜公司提出了一种直流输电换流阀复合外冷却系统的专利申请 CN102684454A（申请日：2012 年 4 月 27 日），其结合了空气冷却器和闭式冷却塔的优点，将空气冷却器与闭式冷却塔通过管道串联，将阀门与闭式冷却塔通过管道并联，该阀门用于控制冷却介质是否通过闭式冷却塔进行换热。这种复合式冷却系统解决了高温缺水地区换流阀的二次换热问题。

（2）内冷系统

在换流阀可控硅为晶闸管的专利申请中，其内冷系统的散热研究多集中在与晶闸管共同构成阀组件的阻尼电阻器的散热。

中国西电电气股份有限公司提出了专利申请 CN201156456U（申请日：2007 年 12 月 21 日），其直流输电换流阀用水冷型阻尼电阻器采用间接水冷方式进行冷却，该电阻器包括电阻体和绝缘外壳，该绝缘外壳包括有腔体和盖体，腔体内设有螺旋水道，其进、出水口分别连接腔体一个侧面的上、下管螺纹水接头；所述的电阻体为电阻带，其设置在螺旋水道之间，电阻带的两端分别连接腔体另一个侧面的上、下接线端子，所述的盖体与腔体对接将所述的螺旋水道和电阻带密封。

中国电力科学院提出了专利申请 CN101916632A(申请日：2010 年 6 月 30 日)，其直流换流阀用大功率水冷电阻器，采用直接水冷的方式冷却，采用四层电阻膜，通过串并联的方式构成所需阻值的电阻膜层，其中每层电阻膜的功率至少达到 1500W，从而能够做成大功率电阻器，将所述电阻膜层基片固定并容纳在内的塑料外壳，采用直接水冷的方式冷却，在所述电阻膜层基片的左右两侧通水，以带走电阻功率产生的热量，所述大功率水冷电阻器的进、出水口设置在塑料外壳的底部，电阻器的接线端子设置在塑料外壳的顶部；采用绝缘冷却方式，电阻部分与水之间的热阻极低，换热面积也很大，同等功率下电阻部分温度大幅度降低，使得该大功率水冷电阻器具有的功率体积比，在水流量充足的情况下功率达到 6kW 以上。

进入 21 世纪后，IGBT 作为换流器可控硅在高压直流输电系统中逐步展开了应用，对内冷系统的研究热点也转向了对 IGBT 模块的散热上。

ABB 公司提出了一种通过水冷板对 IGBT 模块进行散热的专利申请 SE1200545A1(申请日：2012 年 9 月 7 日)，其将 IGBT 模块并排设置在水冷板上以提高散热效果。我国的西安开天公司提出了压接式 IGBT 器件双面散热结构的专利申请 CN205792270U(申请日：2016 年 6 月 24 日)。

国网智能电网研究院针对水冷却系统中存在的电解腐蚀与沉积、密封垫圈腐蚀老化、电机或轴承长时间运行机械磨损严重等问题，提出了专利申请 CN103633822A(申请日：2013 年 12 月 10 日)，其冷却系统包括热管散热器和散热风道，MMC 换流阀模块间隔并排排列，在每排 MMC 换流阀模块的前后两侧分别设置所述散热风道，将所述热管散热器的蒸发端设置在 MMC 换流阀模块的 IGBT 发热面上，将热管散热器的冷凝端伸入散热风道。

四、结语

本文分析了高压直流输电换流阀技术以及国内外专利发展概况，通过对专利申请和本领域相关技术的分析对高压直流输电技术进行了技术分解，基于国内外专利申请量、专利申请人及主要技术方向——电压源模块化多电平换流器、电网换相换流器、混合型直流输电系统，以及多端直流输电系统模块化多电平换流器对换流阀技术的发展状况及发展方向进行了分析。

2005 年以前国内外专利申请量相对较少，2005 年以后专利申请量显著增加，主要集中在直流输电的换流阀及其组件、由换流阀构成的换流器的控制、换流阀各组件的冷却系统以及上述各组件或系统的试验方法和仿真模拟装置。我国换流阀技术的研究起步较晚，但随着智能电网领域技术的发展，正在快速向技术前沿迈进。电压源模块化柔性多电平换流器在高压直流输电领域有着广阔的应用前景。2012 年之前，高压直流输电系统的专利申请主要集中在换流阀可控硅为晶闸管这一方面，而在 2012 年之后，相关技术的研究方向则转向了 IGBT 换流阀这一方面。随着电力电子技术以及智能电网的发展，基于 IGBT 换流阀的电压源模块化柔性多电平换流阀技术是目前高压直流输电领域的研究热点。电压源模块化多电平换流器还存在不足：开关器件数多、输出电平数多、控制复杂，现有的脉冲调制技术还需进一步完善。因此，针对直流输电系统对开关损耗、谐波特性、可扩展性等不同运行指标的要求，提出高效可行的脉冲调制方案，将是未来的主要研究方向。

参考文献

[1] 威尔迪. 电机、拖动及电力系统 [M]. 北京：华章出版社，2015：635.

[2] 文俊，等. 高压直流输电系统换流器技术综述 [J]. 南方电网技术，2015，9(2)：16－23.

[3] 马天旗. 专利分析：方法、图表解读与情报挖掘 [M]. 北京：知识产权出版社，2015：35－40.

[4] 吴文伟，等. 电力电子装置热管理技术 [M]. 北京：机械工业出版社，2016：84－85.

[5] 曾建兴. 柔性直流输电换流阀冷却系统研究 [J]. 自动化应用，2014，(12)：89－91.

[6] 白光亚. 光触发晶闸管换流阀技术及其应用 [J]. 高电压技术，2004，30(11)：55－56，59.

基于物联网技术的智能电网专利技术综述*

陈文达　　伍春燕**　白超**　刘慧媛**　李永亮**　李文婷

涂颂亿　谭岳峰　王德方

摘　要　智能电网和物联网技术的融合发展，将引领以信息化、自动化、互动化为基本特征的，以全方位多维深度感知为基础的新一轮电力工业革命，促进电力工业的结构转型和产业升级。本文主要从智能电网的感知层、传输层、应用处理层三个技术分支入手，构建基于物联网技术的智能电网的专利申请数据库，并从该技术领域在全球以及中国的专利申请趋势、重要申请人、地域分布、申请人类型等入手，对该领域的专利申请现状进行分析，以标签识别技术分支作为重要技术分支对其技术发展路线进行详细分析，以期为审查员和相关行业的技术人员了解行业现状和技术发展趋势提供参考。

关键词　智能电网　物联网　感知层　传输层　应用层

一、概述

（一）研究背景

智能电网就是电网的智能化，是在集成的、高速双向通信网络的基础上，通过先进的传感和测量技术、设备技术、控制方法以及决策支持技术的应用，实现电网的可靠、安全、经济、高效、环境友好和使用安全。[1-3]

物联网就是物物相连的互联网，是物物之间通过互联网技术连接，实现高效的监视和控制。[4-6]

电网信息化是电网改造和升级的必经之路，物联网技术融合应用于智能电网中是智能电网信息化发展的必然趋势，可实现电网的监控智能化和控制智能化。在智能电网中应用物联网技术，可更好提高电网的发电、输送和配电的效率，能给智能电网带来诸多便捷服务，也可提升用户使用感受，为民众生活带来便利。

任何新技术的出现都具有两面性。物联网技术与智能电网融合的出现为民众生活带

　* 作者单位：国家知识产权局专利局专利审查协作广东中心。

　** 等同第一作者。

来便利的同时也伴随有一些弊端，如物联网技术的通信安全问题随着物联网技术与智能电网的融合而被带入智能电网中，但随着物联网技术和通信技术的发展，物联网的通信安全将得到提升，智能电网的通信安全也将得到保障。[7-13]

（二）基于物联网技术的智能电网的技术分支

根据物联网的网络架构，基于物联网技术的智能电网的层级结构包括测量感知电力设备的运行参数的感知层（以下简称为"感知层"）、传输电力信息的传输层（以下简称为"传输层"）、处理电力信息的应用处理层（以下简称为"应用层"）。

感知层主要通过各种传感器、智能采集设备等技术手段来实现对智能电网各应用环节有关电量、机械状态、环境状态等信息的采集。

传输层主要通过各种网络转发感知层设备采集的数据，负责物联网和智能电网专用通信网络之间的接入，实现信息的传递、路由和控制。

应用层，主要采取各种算法等技术，实现电网相关数据信息的综合分析和处理，进而实现智能化的决策、控制和服务，提升电网各个应用环节的智能化水平。

根据基于物联网技术的智能电网的层次结构，结合电网行业的分类习惯和学科的分类方法，对基于物联网技术的智能电网的技术进行技术分解，如表1-1所示，可分为三个一级技术分支——感知层、传输层和应用层，根据各个一级技术分支下的技术发展状况可继续分解二级技术分支和三级技术分支。

表1-1　基于物联网技术的智能电网的技术分解表

一级技术分支		二级技术分支		三级技术分支	
基于物联网技术的智能电网	A1　测量感知电力设备的运行参数的感知层	A1A	标签/标识	A1A1	RFID，射频识别、射频标签
				A1A2	条形码
				A1A3	二维码、二维标签
		A1B	传感	A1B1	无线传感
				A1B2	智能传感
				A1B3	光纤传感
		A1C	定位、地理/位置信息系统	A1C1	GPS
				A1C2	北斗
		A1D	身份验证	A1D1	人脸识别
				A1D2	声音识别
				A1D3	指纹识别
				A1D4	虹膜识别
		A1E	其他设备	A1E1	红外
				A1E2	无人机

一级技术分支		二级技术分支		三级技术分支	
基于物联网技术的智能电网	A2 传输电力信息的传输层	A2A	无线通信	A2A1	Zigbee
				A2A2	GSM，GPRS，LTE，2/3/4/5G，LTE WLAN，LAN
				A2A3	红外通信
				A2A4	蓝牙
				A2A5	NFC
		A2B	有线通信	A2B1	光纤，PON
				A2B2	线缆
				A2B3	现场总线
	A3 处理电力信息的应用处理层	A3A	云计算	A3A1	网格计算
				A3A2	分布式计算
				A3A3	并行计算
				A3A4	其他
		A3B	大数据	—	—
		A3C	模糊识别	—	—

（三）研究对象和方法

本文的专利文献数据主要来源于国家知识产权局专利检索与服务系统（简称"S系统"）中的中国专利摘要数据库（简称"CNABS"）和外文专利摘要数据库（简称"VEN"）、日本专利摘要数据库（简称"JPABS"）、德温特世界专利数据库（简称"DWPI"），检索文献涵盖了公开日或公告日在2018年8月17日之前的全球发明和实用新型专利申请。

为了确保准而全的检索结果，本文根据技术分解表的每一个三级技术分支确定关键词和分类号。具体使用的检索策略有：使用关键词统计分类号，避免遗漏分类号；使用分类号统计关键词，避免遗漏关键词；在检索过程中，使用分类号与关键词相结合的方式进行检索，使用的分类号包括IPC、CPC及FT分类号；基于获得的专利文献数据进行分析字段清理、标引数据、筛选数据等处理以构建专利数据库。共得全球数据23790条，从全球及中国的专利申请趋势、地域分布、重要申请人、重要技术分支的发展路线等多个维度对基于物联网技术的智能电网的相关专利申请进行分析，得到基于物联网技术的智能电网的相关专利申请现状和发展趋势，以期帮助审查员和该领域技术人员了解该技术领域的发展现状和发展趋势。

二、基于物联网技术的智能电网相关专利申请概况

（一）全球专利申请分析

1. 全球专利申请概况

图 2-1 是全球关于基于物联网技术的智能电网的专利申请趋势图。智能电网的概念出现于 2000 年前后。在 2000 年之前，与智能电网相关的一些专利申请非常少且发展相当缓慢，主要集中于欧洲和美国、日本，可见基于物联网技术的智能电网技术起源于欧美和日本。

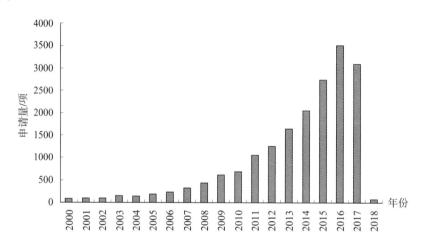

图 2-1　基于物联网技术的智能电网的全球专利申请趋势

2000～2005 年属于平稳增长期，这一时期的专利申请量总体而言处于一个增量较小的平稳增长阶段，累计达到 1200 多项，技术上仍然处于探索和尝试阶段。2001 年，美国电力研究院和国防部启动了 CIN/SI 项目，提出开发一个建模、仿真、分析及综合工具用于建立高鲁棒性、高适应性、控制可重构的网络化电力系统及基础设施，此后美国电力研究院启动了 IntelliGrid 项目并于 2004 年发布了 IntelliGrid 体系架构，这些举措提出了较为清晰的智能电网概念和体系架构，为智能电网技术的发展提供了较为明确的指导。2005 年，在突尼斯举行的信息社会世界峰会上，国际电信联盟发布《ITU 互联网报告 2005：物联网》并在其中引用了"物联网"的概念，使物联网的定义和范围有了较大的拓展；这一峰会也为物联网的大力发展奠定了基调，促进了物联网技术的快速发展。这一时期处于智能电网与物联网崭露头角的交叉点，为物联网与智能电网融合技术的快速发展奠定了基础。

2006 年至今属于快速增长期，这一阶段该领域的专利申请量快速上升。从图 2-1 可知，其申请量于 2016 年达到顶峰，超过了 3500 项，且从总量上来看 2006～2016 年的申

请量占总申请量的大部分，达 14559 项。这主要得益于 2006 年以来物联网技术以及全球范围内电网的大力发展。2008 年后，为促进科技发展，寻找经济新的增长点，各国政府开始重视下一代技术规划，将目光放在了物联网上；2009 年欧盟执委会发表了欧洲物联网行动计划，描绘了物联网技术的应用前景，提出欧盟政府要加强对物联网的管理，促进物联网的发展；2011 年中国物联网产业市场规模达到 2600 多亿元。2008 年 3 月，美国 Xcel 能源公司宣布在科罗拉多州波尔多建立智能电网城市试点；2008 年欧盟委员会发布了欧洲智能电网战略发展规划并于 2010 年 4 月发布了最终版本；2009 年 5 月，我国的国家电网公司提出了我国智能电网的发展规划，分 3 个阶段推动我国智能电网的建设并计划于 2020 年建成统一的智能电网。由此可见，世界范围内有着很多对物联网和智能电网的发展的大力支持和明确的政策指引，且物联网的应用范围相当广泛，可很好地融合应用于智能电网中，满足智能电网的应用需求，由此带来了市场对与物联网融合的新型智能电网设备的需求。在市场需求的驱动下，众多厂商和电网公司都加大了对物联网与智能电网融合技术的研发。

如图 2-2 所示，中国的专利申请量以 78% 的占比排名榜首，其次是美国、日本、韩国以及欧洲，可见中国在该技术领域方面具有较大优势，这是由于中国极为重视智能电网的发展，在智能电网建设方面投入了大量人力物力，再加上中国物联网技术的发展，因此中国在这一领域的专利申请量远胜于美国。专利申请量位居第二的美国虽是智能电网概念的提出国之一，也是智能电网技术起源较早、发展较好的国家，但受到电网所有权、管理权分散，电网的发展缺乏统一的规划和管理，电力需求增长相对缓慢等因素制约，其在该领域的技术发展较为缓慢。日本占比为 5%，韩国 3%，欧洲 3%，分别位居第三、第四、第五。

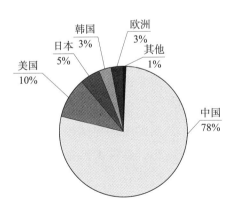

图 2-2　基于物联网技术的智能电网的全球专利申请的国家/地区分布

从图 2-3 可看出，国家电网的申请量位居榜首，远高于其他申请人，而其他主要申请人排名依次为：南方电网、东芝、日立、IBM、西门子。对东芝、日立、IBM 等跨国企业的专利申请进行分析，发现其重要专利申请均在五局进行布局，相比较而言中国企业如国家电网、南方电网在申请量绝对数量上远超这些跨国公司，但是在五局布局的专利申请很少。由此可见，中国申请人较为关注国内市场的专利布局，未重视国际市场的专利布局。未来中国申请人若进军国际市场，有可能面临专利障碍和专利纠纷。

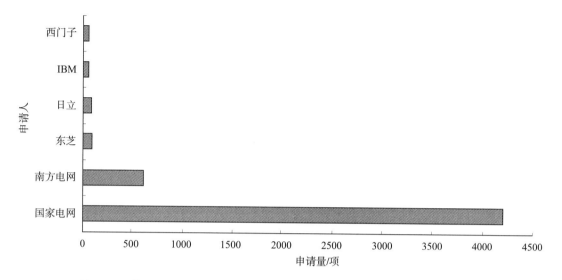

图2-3　基于物联网技术的智能电网的全球专利申请量排名前六的申请人情况

2. 技术分支分析

（1）技术构成

表2-1显示了基于物联网技术的智能电网的专利申请的技术分支情况。由表2-1可知，涉及感知层的专利申请量为10978件，占据主体地位，远超过传输层、应用层。其中，标签/标识、定位与地理/位置信息系统、其他设备领域在感知层的专利申请量占比较大，是感知层的主要研究方向。同样可获知，并行计算、分布式计算、现场总线、线缆领域是传输层的主要研究方向，大数据是应用层的主要研究方向。

（2）一级技术分支活跃度分析

图2-4显示了感知层各技术分支的专利申请趋势，图2-5显示了其专利申请活跃度。2000～2005年物联网规模尚小，其技术基本局限于标签/标识，因此这一阶段的申请大部分集中于标签/标识这一二级分支；彼时无线传感技术、智能传感技术和光纤传感技术发展尚未成熟，其应用也较少，导致这一阶段涉及传感的申请量非常少；涉及定位、地理/位置信息系统方面的申请量也非常少，这是由于这一阶段定位、地理/位置信息系统技术还不完善，在物联网和智能电网中的应用当然也就较少，因此申请量很少。

表2-1　基于二级技术分支专利申请量物联网技术的智能电网的专利申请的技术分支

单位：件

一级技术分支	一级技术分支专利申请量	二级技术分支	二级技术分支专利申请量	三级技术分支	三级技术分支申请量
A1	10978	A1A 标签/标识	3388	A1A1 RFID，射频识别、射频标签	2210
				A1A2 条形码	695
				A1A3 二维码、二维标签	483
		A1B 传感	1328	A1B1 无线传感	913
				A1B2 智能传感	148
				A1B3 光纤传感	267
		A1C 定位、地理/位置信息系统	2179	A1C1 GPS	1926
				A1C2 北斗	253
		A1D 身份验证	1555	A1D1 人脸识别	336
				A1D2 声音识别	711
				A1D3 指纹识别	435
				A1D4 虹膜识别	73
		A1E 其他设备	2528	A1E1 红外	1738
				A1E2 无人机	790
A2	2764	A2A 无线通信	1187	A2A1 Zigbee	171
				A2A2 GSM，GPRS，LTE，2/3/4/5G，LTE，WLAN，LAN	520
				A2A3 红外通信	223
				A2A4 蓝牙	110
				A2A5 NFC	163
		A2B 有线通信	1577	A2B1 光纤，PON	218
				A2B2 线缆	619
				A2B3 现场总线	740
A3	3486	A3A 云计算	2144	A3A1 网络计算	145
				A3A2 分布式计算	588
				A3A3 并行计算	671
				A3A4 其他	740
		A3B 大数据	1052	—	—
		A3C 模糊识别	290	—	—

一级技术分支：A1 测量感知电力设备的运行参数的感知层；A2 传输电力信息的传输层；A3 处理电力信息的应用处理层

103

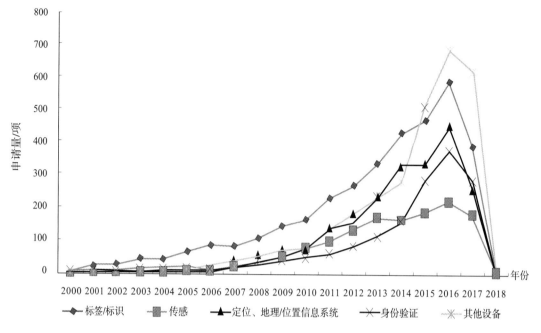

图2-4　感知层下各技术分支全球专利申请趋势

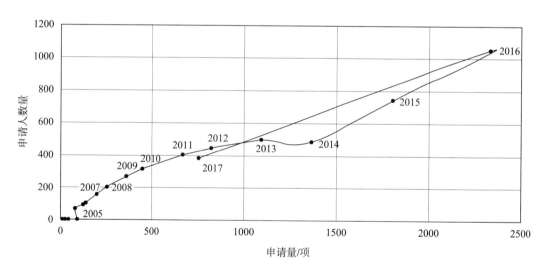

图2-5　感知层的全球专利申请活跃度

注：图内数据点上数字为年份。

从2006年开始，感知层的技术逐渐成熟并大量运用，专利申请量在此阶段开始大量增长，其中，标签/标识作为资产管理、智能抄表方面的重要手段，其申请量增长势头越来越猛；传感技术作为信息采集的主要手段，其申请量也得到了明显的增长；定位、地理/位置信息系统在设备定位、电力系统方面的大量应用，使得其申请量形成了追赶之势；身份验证作为电力系统安全的重要保障，其申请量从2012年开始大量增长，说明在智能电网建设中，安全性是很重要的一部分；值得关注的是，2015年开始，包括红外和无人机的其他设备的相关申请量飞速增长，对一直以来占据第一位置的标签/标识实现反超，这与红外成像技术和无人机技术在这几年的快速发展密切相关，其中红外成像技术主要应用于电力系统的测温，无人机技术主要用于电力系统巡检，均是智能电网运行的重要保障，这就使得红外成像技术和无人机技术被广泛应用于智能电网中，而在未来一段时间内，这两项技术仍将占据申请量的主要地位。

从图 2-5 可知，涉及感知层的专利申请的活跃度从 2005 年以来持续上涨，特别是 2014~2016 年呈加快上涨的趋势，其原因在于，随着智能电网建设的进一步深入以及物联网技术的进一步成熟，物联网与智能电网这两个学科的交叉融合也越发深入，研发成果众多，促使申请人通过专利申请来保护其技术。

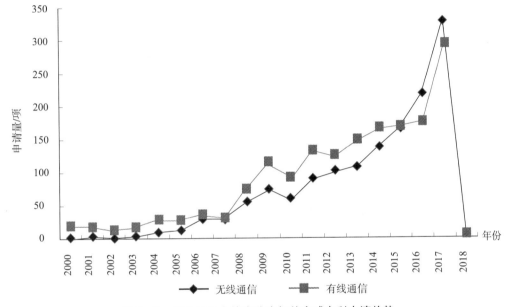

图 2-6　传输层各个技术分支相关全球专利申请趋势

从图 2-6 可知，传输层的申请量在 2008 年之前寥寥无几，这一时期的传输层技术还处于探索尝试阶段，特别是无线通信技术在电网中的应用非常少。从 2008 年开始，随着世界范围内对电网的智能化、信息化的要求进一步提高，各国申请人对传输层的技术研发和专利保护日渐重视，作为电网通信基础和电网安全保障的传输层所相关的专利的申请量开始大量增长，并且无线通信方面的专利申请量呈现对有线通信专利申请量的追赶之势，于 2015 年实现反超，这是因为无线通信技术相较于有线通信技术在组网和信息传输方面有着得天独厚的优势，无线通信技术不需要像有线通信技术那样铺设实体通信线路，简化了很多工艺和成本，且在信息传输方面也更为快捷，安全性更高，可以很好地保障智能电网的运行。

从图 2-7 可知，涉及传输层的专利申请的活跃度从 2005 年以来持续上涨，因为随着智能电网建设的进一步深入，对电网信息的传输要求越来越高，促使申请人加大对这方面的研究力度，故研发成果众多。

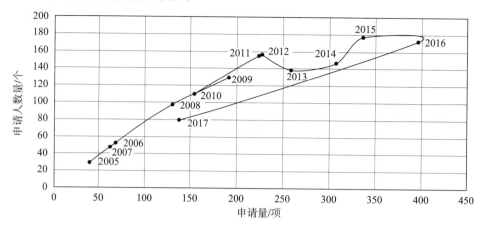

图2-7 传输层的全球专利申请活跃

注：图内数据点上数字为年份。

图2-8显示了一级技术分支"处理电力信息的应用处理层"的申请趋势，图2-9显示了该技术分支的活跃趋势。结合图2-8和图2-6可知，处理层的申请量相对于感知层而言较少，2007年以前，其申请量几乎可以忽略不计。2007年开始，应用层方面的专利申请量开始明显增长，特别是2010年后申请量突飞猛进。因为智能电网需要云计算、大数据等前沿技术的辅助来提升其系统性能，云计算和大数据在数据处理与决策分析方面有较大的先进性。一直到2015年，云计算的申请量均占据主要地位，这与云计算的特点和智能电网的需求密不可分——由于电网系统规模大、节点多，特别是智能电表得到的数据需要实施规划和调度，这需要大量的计算资源进行分析处理，智能电网数据

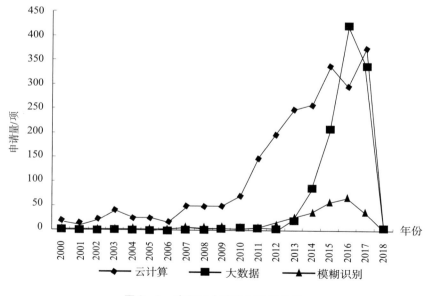

图2-8 应用层全球专利申请趋势

处理与云计算技术的结合成为必然。从系统实现上看，物联网系统的搭建依赖于云计算平台，云计算平台为物联网应用提供了计算和存储资源，作为物联网的一个典型实例，云计算技术与智能电网的结合将得到更深远的发展。

大数据是近几年提出的新概念，并在数年间得到了快速的发展和应用，其在智能电网中的应用也是如此。从 2013 年，开始涉及大数据的专利申请量迅速增加，说明大数据在电网应用中有独到的优势。2016 年，大数据相关申请量反超云计算，进一步说明大数据在智能电网建设中具有广阔前景。智能电网中，大数据产生于整个系统的各个环节，具有数据量巨大、数据类型繁多、价值密度低和处理速度快的特点。大数据在智能电网中的应用可说是机遇与挑战并存，特别是在传输及存储技术、实时数据处理技术、异构多数据源处理技术和大数据可视化分析技术等方面。可以预见，大数据在未来将会成为智能电网发展的强力支撑，那么与其相关的技术研发也会得到各申请人的重视，相应的专利申请量仍将继续增长。未来的智能电网中，云平台和大数据分析将会为电力设备的状态检修以及孤立信息系统的互通提供支持，可以考虑在大数据与智能电网结合应用方面作进一步的研发投入。

模糊识别在智能电网中的应用从 2012 年开始才开始发力，主要用于对电网故障的识别，而且从图 2-8 可以看出，其在智能电网中的应用非常少，技术应用还不成熟。可见，模糊识别在智能电网中的应用前景不够明朗。

从图 2-9 可知，应用层的专利申请活跃程度逐年来稳步上升，表明应用层的技术在逐年稳定发展，相关技术在智能电网中的应用愈发频繁和成熟。2017 年专利申请活跃程度出现下降也是与当年的部分申请未被公开而无法被检索到有关。可以预见，应用层技术将被进一步挖掘，以满足智能电网在功能与性能上的进一步完善与优化，因此，应用层方面的专利申请量仍将大幅增长，专利申请仍将保持相当的活跃程度。

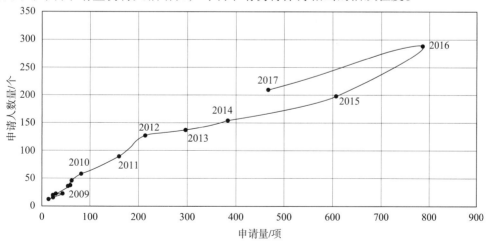

图 2-9　应用层全球专利申请活跃趋势

注：图内数据点上数字为年份。

（二）中国专利申请概况

1. 申请趋势分析

从图 2-10 可知，基于物联网技术的智能电网在中国的专利申请量呈不断增长的趋势。2008 年以前属于萌芽阶段，专利申请很少，这是由于传统电网仍是主流电网技术；2008～2010 年属于平稳增长时期，从 2009 年开始，国家电网全面启动坚强电网研究和建设，结合各地区电网特点，开展智能电网试点项目建设；2011 年开始进入了高速发展时期，2011～2015 年中国的智能电网进入全面建设阶段，进一步加快特高压电网和城乡配电网建设，相关的关键技术和装备实现重大突破和广泛应用，相关技术的大量专利申请也应运而生，到 2016 年专利申请量已超过 3500 件；另外，根据国家电网公司"智能电网"的发展计划，2016～2020 年为引领提升阶段，要全面建成统一的"坚强智能电网"，技术和装备全面达到国际先进水平。由于 2017～2018 年的数据不全（有些专利申请并未公开），导致图 2-10 中 2017～2018 年的专利申请的数据量不足。

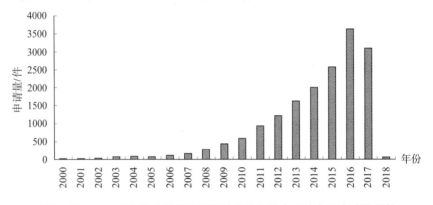

图 2-10　在中国申请的基于物联网技术的智能电网的专利申请的趋势

2. 国外申请人在华申请概况

表 2-2 反映基于物联网技术的智能电网在华申请的非中国籍申请人的国家/地区分布。从表 2-2 可知，国外申请人中，美国在中国申请量最大，其次是日本、德国、韩国、法国、瑞士、英国。美、英、法、德以及日、韩在智能电网产业方面的发展较为成熟，上述国家结合各自的国情，在智能电网产业的发展各有特色和偏重。当前，智能电网是全球关注的焦点，美国、欧盟各国以及亚太地区各国等均把发展智能电网作为抢占未来低碳经济制高点的重要战略措施。表 2-2 也反映出，目前，美国、欧盟各国以及亚太地区各国的申请人是很重视中国市场的。

表 2-2　在华申请的基于物联网技术的智能电网相关专利的非中国籍申请人的国家/地区分布

国家/地区	申请量/件	占比
美国	196	36.43%
日本	89	16.54%

续表

国家/地区	申请量/件	占比
德国	55	10.22%
韩国	45	8.36%
法国	25	4.65%
瑞士	20	3.72%
加拿大	18	3.35%
瑞典	18	3.35%
英国	15	2.79%
荷兰	15	2.79%
爱尔兰	8	1.49%
以色列	5	0.93%
意大利	5	0.93%
丹麦	4	0.74%
芬兰	4	0.74%
挪威	4	0.74%
其他	12	2.23%

3. 中国专利申请人地域分布概况

图 2-11 反映了中国专利申请人的地域分布。在国家大力发展智能电网产业的大环境下，地方省市纷纷积极推动本地智能电网产业发展，其中北京的专利申请量排在了第一位，这与其发达的经济环境以及良好的创新活跃度是分不开的。北京作为我国首都，又是特大型城市和典型的受端电网，具有供电可靠性要求高、重要客户多的特点，也是全国智能电网企业数量最多的城市。江苏、广东、山东、浙江的专利申请量排在第二梯队，数量都比较大。这几个省均为经济相对较发达、人口稠密、大型企业或者研发机构集中、专利保护意识强的地区。

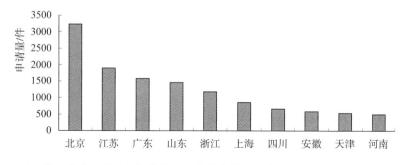

图 2-11　基于物联网技术的智能电网相关技术的中国专利申请人地域分布（前十位）

4. 主要申请人分析

由图 2-12 反映了基于物联网技术的智能电网产业的中国申请的申请人排名情况，

排名前十的均为国内企业和高校，之后为西门子以及 ABB。整体排名第一的是国家电网，其专利申请量超过了 5600 件，远远超过其他企业或高校。国家电网作为国内智能电网的主要推动者和建设者，也是服务区域智能电网建设的投资者，在各省市有着众多的下属企业和科研院所，且国家电网与很多高校也有合作的研究项目，其专利申请量毫无疑问会是很高的。排名第二的是南方电网，其专利申请量超过了 800 件。可见，国家电网和南方电网的申请量占据了中国专利申请量的主体部分。山东鲁能智能技术有限公司对智能电网方面的研究也有着长期的积累，其在智能电网方面存在一定的研究实力。科陆电子是智能电网、新能源、节能减排产品设备研发、生产及销售方面的龙头企业，较早涉及物联网行业，目前已基本完成在智能电网方面的战略布局。以上企业在一定程度上代表了国内智能产业方面的技术实力。高校中，华北电力大学的申请量是最大的，其次，武汉大学、清华大学、东南大学、浙江大学以及华南理工大学的申请量也分别达几十件，体现出以上高校在智能电网产业方面存在一定的研究实力。上述高校和企业均是国内在智能电网产业具有代表性的，高校与高校之间、高校与企业之间可以加强技术上的交流与合作，使我国智能电网产业的相关技术实力更上一个台阶。

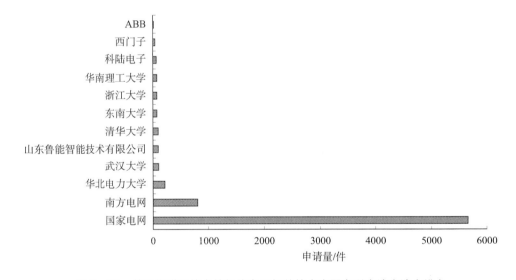

图 2-12　基于物联网技术的智能电网相关技术中国专利申请申请人排名

5. 申请人类型分析

图 2-13 反映了基于物联网技术的智能电网产业的中国专利申请人类型分布情况，申请人的类型是按照第一申请人的类型进行统计的，即多个申请人，只对第一申请人的类型进行统计。从图 2-13 可以看出，申请人类型为企业的专利申请量占了主体部分，占比 77%；其次是大专院校，占比 13%；个人以及科研单位的申请量分别占比 8% 和 2%。结合图 2-12 可知，国内对于智能电网技术的研究主要集中在国家电网、南方电网等公司；诸如华北电力大学、武汉大学等大专院校的申请量也反映了它们在智能电网方

面具备一定的研究实力；个人以及科研单位的专利申请量合计占比仅 10%，反映了国内的个人以及科研单位在这方面的研究较少。

（三）小结

从国内外的专利申请量来看，中国已经占据绝对优势，并且随着中国智能电网的进一步发展，中国在智能电网方面的专利申请量仍将继续增长并保持优势。从各技术分支的专利申请趋势、申请人类型、技术活跃度等多个维度来看，感知层是该技术领域的研究热点，且随着智能电网的进一步发展，对前端设备性能的要求将越来越高，感知层技术将继续会有新的发展；应用层涉及各种新技术如云计算、大数

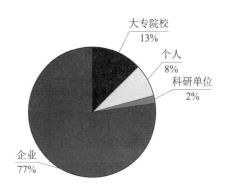

图 2-13　基于物联网技术的智能电网
相关技术中国专利申请人类型分布

据等智能算法，技术领域交叉多、研发难度大、研发周期长，该技术分支下的技术活跃度较另两个分支低，但智能电网的运行、故障诊断和决策分析离不开对海量数据的处理，应用层在智能电网中日益重要，鉴于智能电网建设的需求，预计未来应用层方面的技术研发将进一步得到提升，相关的专利申请将大量增长。

三、重要技术分支分析

感知层是基于物联网技术的智能电网的重要组成部分，主要涉及参数测量感知技术，特别是以标签识别技术作为主要测量感知技术。本节选取感知层的标签识别技术分支作为重要技术分支，从专利角度对其技术现状、发展路线进行深入分析并预测其发展趋势。

标签识别主要包括射频识别、条形码、二维码信息采集技术。射频识别技术（Radio Frequency Identification，以下简称为"RFID"）技术是一种可以利用无线讯号识别指定目标并记录相应数据而无须系统与识别物体之间建立任何连接的通信技术。条形码（Barcode）是将宽度不等的多个黑条和空白，按照一定的编码规则排列，用以表达一组信息的图形标识符。二维码（QR Code）是由一系列正方形模块组成的一个正方形阵列，它由模式特征区、数据符号区和空白区三部分组成，相比一维码具有信息容量大、密度高、存储空间小、纠错能力强、安全强度高等优点。标签识别在智能电网中主要用于设备的身份识别。

（一）标签识别的专利申请概况

如图 3-1 所示，在全球专利申请的标签识别技术分支下，涉及 RFID 技术的专利申

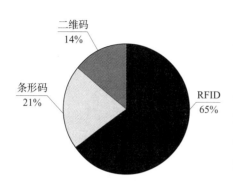

图 3-1　标签识别技术分支分布

请占比为 65%，涉及条形码的占比为 21%，涉及二维码的仅占 14%，这是因为 RFID 出现较早、技术较成熟、稳定性较高以及应用较广。

图 3-2 反映的是标签识别技术在智能电网中应用的全球专利申请量以及中国专利申请量的趋势。2005 年以前的专利申请总量均很小。随着标签识别技术在物联网应用中的不断发展，2005～2016 年，专利申请总量处于持续增长的状态。由于 2017～2018 年的数据不全，有些专利申请并未公开，导致在图 3-2 中 2017～2018 年的专利申请的数据量不足。

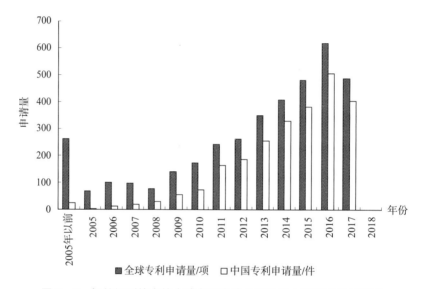

图 3-2　标签识别技术的全球专利申请量以及国内专利申请量趋势

图 3-3 反映了标签识别各技术分支的全球专利申请态势。RFID 专利申请量集中分布在 2010～2016 年，这与世界经济回暖且越来越多的国家将物联网发展上升为国家发展战略并出台多项优惠政策鼓励大力发展物联网相关。条形码和二维码技术的专利申请量在 2012 年以前较少，这是由于条形码和二维码技术在 2012 年以前还不够成熟，存在安全性低的问题。从 2012 年开始，随着条形码和二维码技术的安全性能的提高和广泛引用，该技术领域的专利申请量逐年增长，但申请总量仍比 RFID 的要少，这是由于 RFID 相对于条形码和二维码技术具有安全性高、承载的信息容量大的优势，这也使得行业仍较为广泛地应用 RFID。随着标签识别技术的不断成熟发展，从 2017 年至今，RFID、条形码、二维码在智能电网中应用的专利申请量逐步减小。由于 2017～2018 年的数据不全，有些专利申请并未公开，导致在图 3-2 中展示的 2017～2018 年的专利申请的数据量不足。

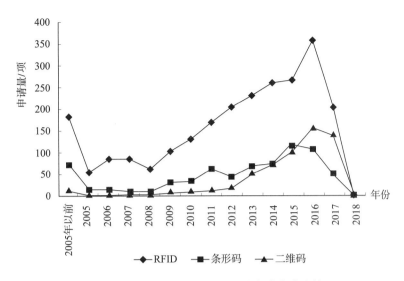

图 3-3　标签识别各技术分支的全球申请趋势

（二）标签识别领域重要申请人分析

根据申请人在标签识别领域的全球专利申请量的情况，将申请量排名前 11 的申请人列为该领域的重要申请人。如图 3-4，我国的两大电网公司占据前二名，其中排名第一的国家电网的申请量为 1117 项，占总申请量 3694 项的 30.3%，从数量上远远超过排名第二的南方电网；南方电网申请量为 89 项，占总申请量 2.41%。排名第三的株式会社日立制作所的申请量为 59 项，仅占总申请量的 1.6%；排名第四的科陆电子，申请总量为 33 项，仅占总申请量的 0.9%。可见，在标签识别技术领域的研究集中度非常高，主要集中在我国两大电网公司。另外，排名前 11 的申请人中，中国申请人、日本申请人均分别占据了 5 位，总体上中国申请人的申请量占据了主导地位，占总的申请量的 34.7%。

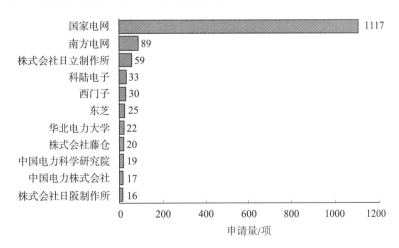

图 3-4　标签识别领域的主要申请人的全球专利申请量分布

从图 3-5 中可知，从专利申请量来看，国家电网在标签识别领域均占据绝对优势，其在 RFID 的专利申请量在该分领域的全球专利申请的占比为 24.44%，条形码的相应占比为 39.83%，二维码的相应占比为 42.35%。图 3-6 反映了各重要申请人的大部分专利申请分布在 RFID 领域，可知现阶段申请人在标签识别技术上的研发热点主要在 RFID 领域，在条形码、二维码领域虽然有所涉足，但申请量相对较少。未来一段时期，RFID 仍会继续发展，但随着条形码、二维码技术的成熟，和后两者相关的申请可能会有新的发展。

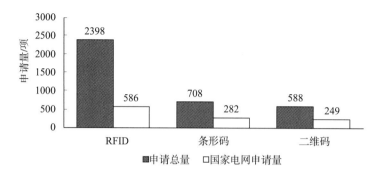

图 3-5　国家电网在标签识别技术的全球专利申请分布

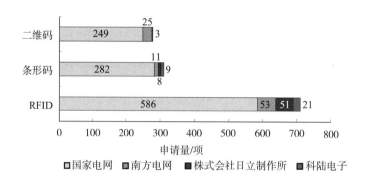

图 3-6　前四位重要申请人在标签识别领域的全球专利布局

（三）标签识别技术的技术路线

基于对检索结果的精读，选择有代表性的专利文献，以时间为轴，理清并描绘标签识别技术领域的 RFID、条形码、二维码技术的技术路线，如图 3-7。

1. RFID 的技术路线

RFID 是物联网发展的典型产物，也是物联网领域的核心技术之一，是一种非接触式的自动识别技术，其基本原理是利用射频信号和空间耦合（电感或电磁耦合），实现对被识别物体的自动识别和数据交换。RFID 应用从最初的接触式识别标签应用发展起来，具有可靠性高、操作方便快捷、防冲突、应用范围广、加密性能好等优点。

2001 年以前的标签识别为接触式为主，且在此期间 RFID 因价格较昂贵而没有得到普遍应用。典型如西门子的申请号为 EP96115906 的专利申请，涉及一种包括一个直角凹

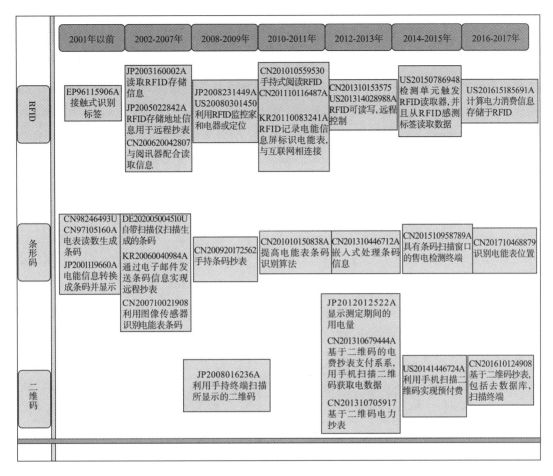

图 3-7 RFID、条形码、二维码技术的技术路线

处用于放置一个拔插的识别标签的电能表。

2001~2010 年，随着 RFID 技术的发展和成本不断降低，它的应用可以有效解决 IC 卡接触式电能表的不足，如申请号为 JP2003160002、JP2008231449 的专利申请，涉及智能电表通过处理器将从 RFID 标签读取的标识信息传送到一个中央装置指定的、属于一个散布设备的一部分的信息收集装置，实现无线抄表，操作方便、快捷，且由于非接触通信，读写器在近距离就可以对卡片操作，不必像 IC 卡那样进行插拔工作，增加了安全性。

2010 年之后，随着互联网、通信网络及智能移动终端的发展，智能电表不仅从原来的 RFID 简单获取电表信息提升到了能够实现数据共享，而且有些利用了云计算、云服务等使智能化水平更高，提高用户体验、增加安全性。如申请号 CN201210011062 的专利申请，其涉及的电能智能计量系统包括贴有 RFID 标签的智能终端、表计，并利用传感器网、通信网络来提高用电管理水平，实现如远程抄表的功能，最终获得更大的社会效益。申请号 CN201310226757 的专利申请，基于物联网和云计算技术的智能用电用能系统平台，采用 RFID 和 ZigBee 技术实现用电设备的监控和联动，利用以太网络通信建立智能终端和智能电表，采用云计算算法分析处理结果，智能化程度更高，为用户量身打造出用电用能服务模式，提高用户体验。申请号 CN201410199596 的专利申请，采用变电站站用云电表的自主云系统，利用数据交互，在云服务器系统内维护有不同操作人员的权限信息，利用客户端设备通过云服务器系统实现对数据采集系统的控制，通过 RFID 对操作人员进行权限控制，增加了安全性。申请号为 CN201710776854 的专利申请，提出一种应用于 RFID 抄表的 RFID 手持终端装置，包括运行 Android 操作系统的智能设备，利用 Android 智能设备上的抄表系统软件，并根据移动通信网络，运行 Android 操作系统的智能设备，实现抄表系统软件的运行平台的运行，便于抄表员使用，能够尽快上手。

2. 条形码技术的技术路线

条形码技术的应用已经非常成熟，并且价格低廉，是目前应用于智能电表中的常用标识技术。

2000 年以前的条形码技术在电表、抄表中的应用，是利用条形码实现电表计数，如申请号为 CN98246493 的专利申请，条形码抄表电能表，在原有数码轮的周侧增设一层条形码字符层，在读数窗口面板上增设固定条形码字符层并设有读数放大镜，利用条形码实现电表计数，可满足自动抄表系统实际需要，结构简单、造价低廉、方便现场采集，可有效克服抄算表过程的随意性。

2000 ~ 2009 年，由于条形码在电表、抄表中的持续成熟应用，这一阶段的新技术主要是在以何种方式显示条形码、如何读取条形码信息等方面加以改进。

如申请号为 JP2001119660 的专利申请，提出电表的条形码显示装置，将传感器输出的模拟信号的值转换成条形码并显示在显示单元上，并且可通过阅读器读取所生成的条形码信息以便于读取电能信息，实现了便捷读取用电信息。

在此期间，随着物联网及智能电网的发展，传统的条形码识别已无法满足人们对智能化、便捷化的需要。有鉴于此，技术开发者们不仅在条形码识别的方式上加以改进，还利用高速发展的互联网及移动通信网络来提高了用户体验。如申请号为 KR20060040984 的专利申请，利用条形码图像传送电力计量信息，利用互联网将该条形码图像送到用户的电子邮件地址，不仅能够利用条形码图像生成并发送读取的电力计量，还能够识别该条形码图像，并且可通过电子邮件与用户确认，加强了与用户的沟通，提高了用户体验。如申请号为 CN200910075436 的专利申请，用临时户数据库生成条形码并用打印机打印输出条形码标签，把该条形码标签粘贴到相应户的电表位置上，利用网络将对条形码采集的数据存于数据库中，通过条形码实现智能电表的管理，降低了劳动成本，出错率低。

2010 ~ 2017 年，随着其他识别产物不断发展，条形码在智能电表、抄表中的应用主要是在条形码识别方法、智能交互、提高系统智能化等方面加以改进。申请号 CN201010150835 的专利申请提出了电力电能表图像自动识别方法，对条形码区域进行水平扫描，提取条形码特征区域、条形码识别，针对不同条形码用相似边距离归一化方法对字符条形码进行识别，能够准确识别各种字符示值读数，提高了在智能电表中对条形码的识别。申请号 CN201310446712 的专利申请，通过条形码扫描模块扫描电能表的条形码信息，通过无线网络与营销系统连接，根据电能表编号从营销系统下装电能表的测试用信息或将测试数据上传到营销系统中，提高了与用户交互体验。申请号为 CN201510958789 的专利申请提出智能电表售电通信检测终端，设有条形码扫描窗，对条形码扫描终端做了多方面的改进，提高了系统的智能化。

3. 二维码的技术路线

二维码也是记录信息载体的一种，其由条形码发展而来的，是目前流行的用于数据携带、传递、防伪的高科技手段。二维码除具有一维码的功能外还具有如下功能：信息容量大、容错能力强、译码可靠性高、成本低、易制作且可引入加密措施提高保密性、防伪性。二维码在智能电网中的应用随着二维码的发展呈不断增长趋势。

根据检索结果统计可知，中国的二维码的技术从 2011 年起才初步在智能电网应用，相较国外慢一些。

根据检索结果统计，可知在二维码在国内智能电网中的应用在 2011 年才初步得到应用，而其早先在国外已得到了初步应用。

2011 年以前国外二维码在电表、抄表中的应用的代表如申请号为 JP2008016236 的专利申请，其提出仪表读取系统使用用于测量电力使用量的手持终端，在液晶显示屏上读取以二维码格式显示的测量数据，可见国外已在 2008 年就通过二维码的方式实现对智能电表进行数据读取。申请号为 CN201110229736 的专利申请提出二维码电表及其读取储存装置，二维码信息包括电能表主人信息、银行独立串号，此时国内还是利用二维码实现对智能电表的管理。

在此之前，国内电力抄表的途径主要有远程无线抄表、红外抄表、人工抄表等，而在 2012 年之后，随着互联网、智能移动终端等的发展，基于二维码的抄表、电费支付等应运而生。如申请号为 CN201310705917 的专利申请提出基于二维码的电力抄表系统，将计量数据转换为二维码标签，并发送各电表的二维码标签，各便携式移动终端从电表获取二维码标签，各便携式移动终端均与后台服务控制端无线连接，发送电表的二维码标签，利用二维码识别、采集数据、移动通信网络及移动终端实现远程抄表。申请号为 CN201310679444 的专利申请提出基于二维码的电费抄表支付的系统，将需要产生的电费信息生成二维码，远程电力电费管理系统将该二维码发送给对应 ID 的远程电费抄表机，用户手机用以扫描所述二维码，以获取用电数据，并通过缴费链接登录网银进行手机支付，利用二维码识别、移动网络及智能终端方便了用户的电费支付。可见 2013 年所申请的基于二维码的电表、抄表的应用已能够实现远程抄表、网上缴费的功能。

在 2014 年以后的专利文献体现出了以加强安全性、提高用户体验等为主要目标，而且有些还融合云数据、云计算、云服务等，以实现更加智能、便捷的抄表、电费缴纳。申请号为 CN201510231181 的专利申请提出具有终端查询功能的无线电力抄表系统，电表数据采集器对应连接的集中器中的编码以及集中器的地址编码转换为二维码标签，并动态显示，利用该动态二维码，用于验证用户身份，用户身份验证通过，网络查询单元输出相应的查询信息，可以防止非法的电表数据采集器接入，加强了安全性。申请号为 CN201610124908 的专利申请提出基于二维码的电子抄表系统，包括计算表、无线抄表装置、云数据库、电子门牌和二维码扫描终端，二维码扫描终端包括二维码扫描模块和显示屏并结合了云数据的系统，提高了智能化。申请号为 CN201610704872 的专利申请提出基于云计算的小区业主智能控制系统，主电表机身上印刷有二维码，通过该二维码可唯一标识此智能电表，用户扫二维码之后进入支付界面，付款成功后，云数据中心发送指令给对应的电表，完成充值缴费工作，方便快捷，提高用户体验。申请号为 CN201710986140 的专利申请提出基于物联网的智能电表系统，智能电表通过 GPS 模块定位自身位置并上报到云服务器，便于供电公司掌握其位置，二维码标签存储有所在电表信息，用户可通过智能手机扫描二维码标签获取电表信息，通过支付宝缴纳电费，便于缴费及对电表的定位。

（四）小结

从专利申请量来看，RFID 的专利申请占有主导地位，反映了 RFID 是基于物联网技术的智能电网的标签识别技术中的重要技术，但随着其他信息载体的发展，特别是互联网、通信技术的发展，条形码、二维码识别技术应用也有所增长。条形码的应用已较为成熟且具有价格低廉、编码较简单等优势，早在 20 世纪 90 年代在电表相关领域已有应用。2012 年以后，二维码标签识别开始被较为广泛地应用于智能电网领域。RFID、条形码和二维码在智能电网中的应用都是紧随着物联网和智能电网的发展，并且主要趋于向提高用户体验以及更智能化、便捷化的方向发展。随着移动互联网及物联网的发展，涉足二维码应用的设备、商家越来越多，二维码的安全性能不断提高，其在使用成本和方便性方面较 RFID、条形码的优势越发凸显，使得二维码未来在智能电网中的应用方面可能会逐渐取代 RFID 和条形码。

四、总结

智能电网具有经济、环保、高效、安全等特性。物联网技术和智能电网的融合应用，在提高民众的便利性的同时也提高了电网的效能，这将成为世界解决能源紧缺和环境污染的重要技术手段，该技术在未来一段时期还将继续发展。

笔者从申请量、申请人地域、技术演进等方面对基于物联网技术的智能电网的国内外专利技术状况进行梳理，并选取标签识别技术作为重要技术分支对其技术路线进行深入分析，同时选择典型的专利申请辅助解读，以期为审查员和相关行业的技术人员了解行业现状和技术发展趋势提供参考，进一步促进该领域的技术发展。

参考文献

[1] 陈淘，等. 大数据技术在智能电网中应用 [J]. 智能处理与应用，2016 (4)：54 – 55，57.

[2] 徐磊. 基于 RFID 物联网技术的智能电网设备管理系统研究 [D]. 北京：华北电力大学，2016.

[3] 陈恺，等. 基于物联网技术的变电站在线温度监测系统研究 [J]. 电力科技，2017 (1)：224.

[4] 刘丙午，等. 基于物联网技术的智能电网系统分析 [J]. 中国流通经济，2013 (2)：67 – 73.

[5] 李祥珍，等. 面向智能电网的物联网技术及其应用 [J]. 电信网技术，2010 (8)：41 – 45.

[6] 龚钢军，等. 面向智能电网的物联网架构与应用方案研究 [J]. 电力系统保护与控制，2011 (20)：52 – 58.

[7] 权炜. 物联网技术在智慧城市中的应用 [J]. 现代建筑电气，2016，7 (10)：10 – 13.

[8] 吴作君. 物联网技术在智能电网建设中的应用研究 [J]. 通讯世界，2016 (3)：193.

[9] 王炳国. 物联网技术助力智能电网建设 [J]. 信息技术与信息化，2012 (2)：78 – 80.

[10] 唐忠，等. 智能电网关键技术及其与物联网技术的融合 [J]. 上海电力学院学报，2011，27 (5)：459 – 462，467.

[11] 杨铁军. 产业专利分析报告 (第 24 册)：物联网 [M]. 北京：知识产权出版社，2014.

[12] 王家华，等. 物联网在智能电网中的应用 [C]//云南省科学技术协会. 战略性新兴产业的培育和发展：首届云南省科协学术年会论文集，2011.

[13] 马润. 物联网技术在智能电网中的应用分析 [C]//中国科学技术学会学术部经济发展方式转变与自主创新：第十二届中国科学技术协会年会 (第四卷). 2010.

可再生能源发电并网逆变器专利技术综述*

郑植　魏小凤**　周天微**　王琳**　朱丽娜**

摘要　并网逆变器是可用于智能电网的高比例可再生能源并网装备的关键部件，其地位和作用十分重要，是连接可再生能源与电网的桥梁，起到将可再生能源输出的电能转化为与电网匹配的交流电而接入电网的作用。由于可再生能源的间歇性、不稳定性、波动性等原因，其能源利用率有待提高，并且在大规模可再生能源并网的情况下，存在大量的逆变器，不仅对逆变器拓扑本身，也对逆变器的控制方面提出了更高的要求。本文针对可再生能源并网相关技术及其逆变器技术在全球及中国的相关专利申请进行了研究，从申请趋势、区域分布、主要申请人、重点技术等多个角度进行了较为系统和深入的分析，从专利的角度梳理了逆变器技术的现状及发展趋势，为我国可用于智能电网的高比例可再生能源并网装备的研发和产业化发展提供了建议。

关键词　可再生能源发电　并网　逆变器　专利分析

一、概述

在当今能源紧缺的严峻形势下，光伏风力等可再生能源并网发电技术已经成为不少国家大力发展的一项技术，而逆变器是其中的关键技术[1-2]。但是，大规模可再生能源接入电网也给配电网的电能质量、安全稳定等带来了巨大挑战[3-4]。并网逆变器是可用于智能电网的高比例可再生能源并网装备的关键部件，其效率也影响了可再生能源的发电效率，而传统并网逆变器在技术上还有待跟进，一些先进的系统拓扑、控制策略还有待进一步的研究和开发。为了进一步克服以上问题，先进的逆变器技术非常重要，因此，对其进行专利技术分析以了解目前发展现状、明确关键技术、分析发展趋势是非常有必要的。

二、专利申请总体情况

为了更全面地了解可再生能源并网的整个领域的发展，本文先针对可再生能源并网

---

　* 作者单位：国家知识产权局专利局专利审查协作天津中心。

　** 等同第一作者。

发电领域的国内外专利进行了初步检索。由于该次检索仅用于判断可再生能源并网发电领域的国内外的发展趋势，所以选择利用 IncoPat 数据库的同族数据库进行检索，检索截止日期为 2018 年 8 月 10 日。

以摘要、标题或权利要求进行检索，检索式为：

TIABC =（（光伏 OR 光能 OR photovoltaic OR 风力 OR 风能 OR wind OR PV OR 太阳能 OR solar OR 新能源 OR（new energy）OR 再生能源 OR（renewable energy）OR（renewable electric＊））and（发电 OR generat＊OR electric＊）and（并网 OR grid OR online）and（大规模 OR 大功率 OR 高功率 OR 集中式 OR（large scale）OR large－scale OR（high power）OR high－power OR（central＊OR concentrate＊）OR superpower OR super－power OR（large power）OR large－power））

由于各国专利申请满 18 个月才公开，因此 2017 年和 2018 年的数据可能因为部分专利数据未公开而不全。

通过以上检索方式，获得全球专利 12984 项。

下面从申请趋势、申请区域以及技术分布三方面对可再生能源发电并网技术开展系统分析，以期获得可再生能源发电并网技术中的热点技术分支。

（一）可再生能源发电并网技术全球专利状况

1. 申请趋势

可再生能源发电并网技术专利申请始于 20 世纪 70 年代，2000 年以前为起步期，申请量相对较少。图 2－1 显示了 1999～2018 年专利申请量的按年度分布情况（以最早申请日或优先权日计）：1999～2006 年，专利申请量缓慢增长；2006 年申请量超过 200 项，说明随着可再生能源发电并网技术的发展，其所具有的独特优势开始吸引业界越来越多的目光；2006 年以后，专利申请量快速增长，并且在 2015 年达到峰值，之后虽然略有下降，但仍然保持较高的申请量，表明可再生能源发电并网技术依然是专利技术热点。

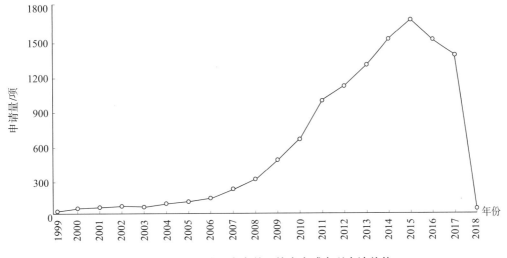

图 2－1　可再生能源发电并网技术全球专利申请趋势

2. 申请区域分布

图 2-2 显示了可再生能源发电并网技术全球排名靠前的国家、地区的专利申请量分布，其中申请国家、地区在本文中定义为专利首次申请的国家/地区/组织，在首次申请的国家/地区/组织的专利申请通常是在本国家/地区/组织原创的专利申请，反映了各国家/地区/组织的技术研发实力。专利申请的数量以"件"为单位进行统计。

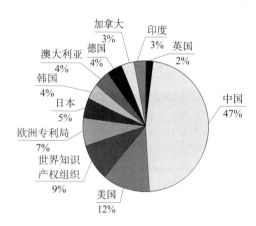

图 2-2　可再生能源发电并网技术全球排名靠前的国家/地区/组织全球专利申请量的分布

从图 2-2 中可知，排名前十位的国家/地区/组织全球依次为中国、美国、世界知识产权组织、欧洲专利局、日本、韩国、德国、澳大利亚、加拿大、印度和英国。

从全球排名靠前的国家、地区/组织的专利申请量的分布图可以看出，中国有关可再生能源发电并网技术的专利申请量几乎达到全球专利申请量的 50%，可见中国深刻意识到了可再生能源发电并网技术的关键性并对其有了足够的重视。

3. 全球技术分支专利申请趋势

图 2-3 示出了可再生能源发电并网技术全球技术分支专利申请趋势。其中，针对可再生能源发电并网技术而言，分类号 H02J 侧重于发电并网相关的电力控制，H02M 侧重于并网逆变器相关的拓扑设置以及控制，H01L 侧重于电池板以及相关半导体器件的结构，H02S 侧重于光伏并网逆变器，G06Q 侧重于相关商业运行方法，G06F 侧重于相关数据处理系统，G01R 侧重于相关控制中的测试，H02N 侧重于相关发电领域中的其他类目不包含的发电机，F03D 侧重于风力发电中的发动机，F024J 侧重于供热等应用领域的热量的产生和应用。

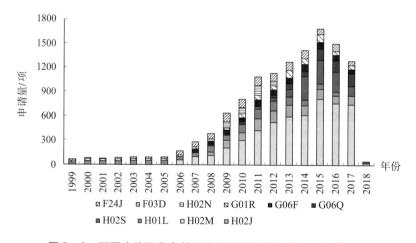

图 2-3　可再生能源发电并网技术全球技术分支专利申请趋势

从图 2 - 3 可知，可再生能源发电并网技术中，H01L 相关的专利申请在早年的申请中起步较早，占有相当的比重，并且自 2006 年以来先平稳增长，后又缓慢减少，可见，有关电池板以及相关半导体器件的结构方面，人们关注较早且一直进行研究，但近年来研究热度稍有减退；H02J 相关的专利申请逐年大幅度增多，可见，发电并网相关的电力控制方面已逐步成为研究的热点；H02M 相关的专利申请自 2007 年以来平稳增长，H02S 相关的专利申请自 2014 年以来快速增长，而这两个分类号均针对的是再生能源发电并网技术中的逆变器的拓扑以及相关控制，可见，逆变器技术是近年来的研究热点。

（二）逆变器技术全球专利状况

从上一节分析得到可再生能源发电并网逆变器技术是近年来的发展热点，因此，为了更全面地了解逆变器技术的发展，本文针对可再生能源发电并网逆变器技术的国内外专利进行了检索。由于该次检索需要对相应的技术进行深入的挖掘分析，因此本次检索在德温特世界专利索引数据库（DWPI）中进行，检索截止日期为 2018 年 8 月 21 日。

检索过程为：

① （H02M + OR H02J + OR H02S40/32）/IC AND（photovoltaic OR wind OR PV OR solar OR（new energy） OR（renewable energy） OR（renewable electric +）） AND （generat + OR electric +） and （grid OR online） AND （（DC 1W AC） OR invert +） DWPI 3350

② （H05K7 +）/IC AND （H02M + OR H02J + OR H02S40/32）/ICDWPI9558

③ 1 not 2DWPI3323

④ （H02J + AND F03D + AND H02N +）/ICDWPI330

⑤ 3 not 4DWPI3303

⑥ （A01 + OR c +）/ICDWPI6285538

⑦ 5 not 6DWPI3269

⑧ （photovoltaic OR wind OR PV OR solar OR（new energy） OR（renewable energy） OR（renewable electric +）） DWPI1050779

⑨ （MMC OR （cascad + 3d bridge） OR HVDC OR （modular 1w multilevel 1w converter?）） AND （H02M7/4 + OR H02J3/38）/ICDWPI724

⑩ （multilevel? OR（multi 1w level?）OR （three 1w level?） OR （four 1w level?） OR （five 1w level?） OR （seven 1w level?） OR（nine 1w level?）OR（eleven 1w level?）） AND （H02M7/4 + OR H02J3/38）/ICDWPI2757

⑪ （ （Z 1w source） OR （impedance network）） AND （H02M7/4 + OR H02J3/38）/ICDWPI125

⑫ 8 and （9 or 10 or 11）DWPI469

⑬ 7 or 12DWPI3655

经过检索并不断调整，排除干扰，补全结果，最终在 DWPI 中得到 3655 篇关于逆变器技术的专利申请。

下面将针对上述文献从申请趋势、申请区域、重要申请人以及技术分布等方面对逆变器技术开展系统分析，以期获得逆变器技术中的热点技术分支。

1. 申请趋势

图 2 - 4 示出了逆变器技术全球专利申请趋势。从图 2 - 4 中可以看出，逆变器技术全球专利申请量在 2000 年前处于萌芽状态，申请量很少；2000 ~ 2013 年经历了第一次发展，申请量显著提高；2015 年专利申请量有所回落；2015 年后虽然有所波动，但是保持了较高的申请量。

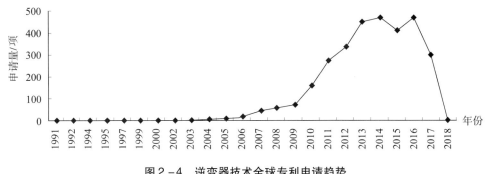

图 2 - 4 逆变器技术全球专利申请趋势

2. 申请国家/地区分布

图 2 - 5 示出了逆变器技术全球专利申请国家/地区分布，同样地，其中申请国家/地区在本文中被定义为专利首次申请的国家/地区，在首次申请的国家/地区的专利申请通常是在本国家/地区原创的专利申请，一定程度上反映了各国家/地区的技术研发实力。

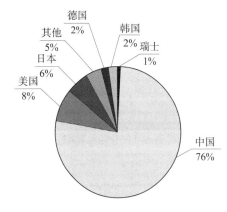

图 2 - 5 逆变器技术全球专利
申请国家/地区分布

从图 2 - 5 可以看出，逆变器技术专利申请中，排名靠前的分别为中国、美国、日本。其中中国专利申请量占比达 76%，可见，中国已意识到逆变器技术的重要性并且投入了相当的研发力量，比较看重本国的专利布局。

3. 重要申请人申请量分布

图 2 - 6 示出了逆变器技术全球专利申请重要申请人分布情况。从图 2 - 6 可以看出，排名前 20 的申请人中包括了中国、日本、美国、德国等国的申请人。其中，中国的申请人最多，主要包括国家电网、阳光电源、上海交通大学、东

南大学、珠海格力等；日本申请人包括三菱、日立、三洋、东芝等；美国申请人包括通用电气。整体来看，除第一名国家电网以外，逆变器技术的申请人分布比较分散，第二名阳光电源也只有58项，表明中国国家电网相关专利申请相对较多，其次是阳光电源，申请量较大的还有多所高校。

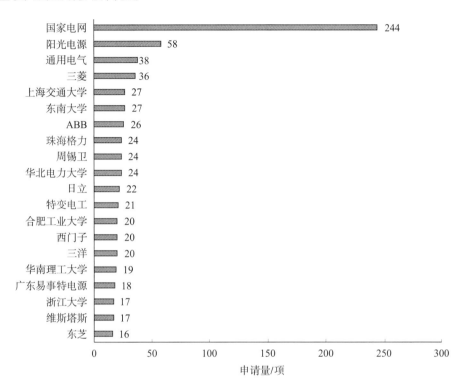

图2-6　逆变器技术全球专利申请重要申请人申请量分布

三、逆变器技术中国专利分析

在前一节中分析了可再生能源发电并网技术以及逆变器技术的全球专利状况，为了进一步分析国内外关于逆变器技术的专利布局以及技术分支状况，本节将依然采用前一节关于逆变器技术的检索结果——即3655篇专利申请进行分析。为了对比分析国内外的发展现状，本节仅抽取3655篇专利申请中的中国专利进行分析，按照技术原创国将中国专利申请分为中国专利申请和国外在华专利申请，以此作为基础，对其申请趋势、国外来华申请国别分布、专利类型、法律状态、申请人分布、申请人类型和重要申请人技术分支等进行深入分析，以期得到相关的结论。

（一）申请趋势

图3-1示出了我国逆变器技术发明专利申请趋势。从图3-1中看出，中国专利和全球专利的趋势大致相同，在2005～2009年处于萌芽状态，申请量很少；而后至2014

年期间经历了快速发展期，申请量显著提高；2015 年专利申请量有所减小，但依然保持较高水平；随后虽然有所波动，但是保持了较高的申请量。国外来华专利申请量相对中国专利申请量明显较少，且在 2005～2011 年缓慢增加，而后至 2017 年又缓慢减少，可见，国外申请人针对逆变器技术相关的专利在中国布局较少。

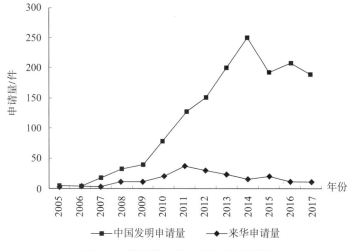

图 3-1　逆变器技术中国专利申请趋势

（二）国外来华专利申请分布

图 3-2 示出了国外来华专利申请国别分布，从图 3-2 中看出，针对逆变器技术，美国申请量最多，占 37%，日本其次，占 18%，而德国排名第三，占 14%，韩国、瑞士占比分别为 8%、5%，而其他国别占 18%，占比份额也较大，可见，除去美国、日本、德国比较看重中国市场外，其他国家也较为注重中国专利的布局。

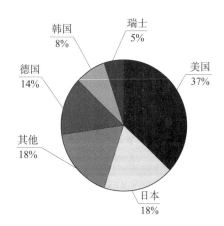

图 3-2　逆变器技术国外来华
专利申请国别分布

（三）申请人分布

图 3-3 示出了中国发明专利申请的申请人分布，由此可以看出，国家电网作为大型国企，资金充足，比较注重逆变器技术的研发，申请量相对于其他申请人遥遥领先；排名第二的为阳光电源；排名前十的申请人中，有 7 位申请人是高校，可以看出，许多高校很重视逆变器技术的研发，而企业申请一家独大，说明逆变器技术有待产业化推进。

图 3-4 示出了国外来华专利申请的申请人分布，由此可以看出，通用电气比较注重逆变器技术的研发，申请量相对于其他申请人遥遥领先；排名第二的为 ABB。排名前十的申请人全部都是企业，并无高校，可以看出，在国外，企业掌握了逆变器的核心技术，产业化程度较高。

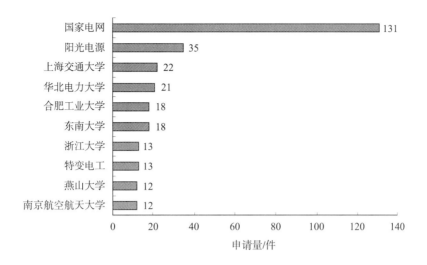

图3-3 逆变器技术中国专利申请的申请人分布

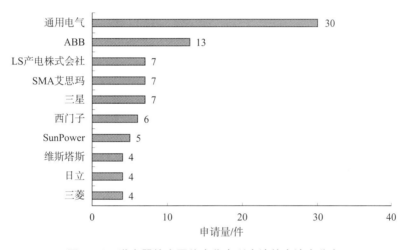

图3-4 逆变器技术国外来华专利申请的申请人分布

（四）专利申请类型和法律状态

表3-1示出了中国已审查专利申请以及国外来华已审查专利申请的类型和法律状态。可以看出，总计1918件已审查专利申请中，国外来华专利申请152件，占比7.92%，数量相对较少，但大部分为发明，实用新型只有7件；而中国国内专利申请中，发明为851件，实用新型922件，可见，中国国内专利申请中，实用新型更多。中国专利申请中，向国外申请的很少，绝大部分为本国申请。

图3-5和图3-6分别示出了中国以及国外来华发明专利申请的法律状态占比情况。可以看出，国外来华的发明专利申请的授权率达79%，远高于中国发明专利申请的授权率57%，可见，国外来华专利申请的质量远高于中国专利申请。此外，在中国专利申请的授权案件中，权利终止案件占比达12%，明显高于国外来华专利申请的授权案件的终

止案件占比7%。可见，国外来华专利申请更看重专利权的保护以及专利权的运用，而中国专利申请中申请的数量多，但质量有待提高，技术向产业转化的程度也有待提高。

表3－1 逆变器技术中国专利申请的类型和法律状态　　　　单位：件

法律状态	中国		国外来华	
	发明	实用新型	发明	实用新型
授权	480	891	114	7
驳回	138	0	5	0
撤回	233	0	25	0
权利终止	59	391	42	0
放弃	0	35	1	0
合计	851	922	145	7
总计	1918			

注：表中的"合计"项未计入授权后权利终止的专利申请。

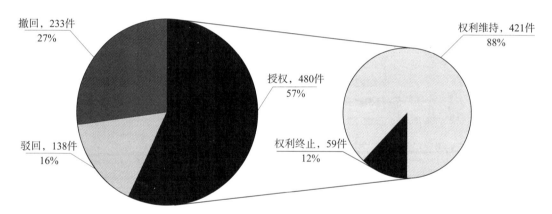

图3－5 逆变器技术中国发明专利申请的法律状态

注：放弃专利仅1件，占比无法在图中示出。

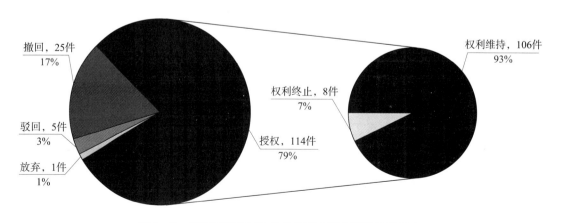

图3－6 逆变器技术国外来华发明专利申请的法律状态

（五）专利技术分支分析

为进一步分析国内外关于逆变器技术的技术分支的研究情况，本文针对逆变器技术，从拓扑以及控制两个方面对中国发明专利申请和国外来华专利申请进行了标引。其中，拓扑分为：桥式逆变器、模块化多电平（MMC）式多电平逆变器、非 MMC 式多电平逆变器、Z 源等；控制方式分为：最大功率跟踪（MPPT）、能量变换、无功补偿与谐波抑制、故障穿越、孤岛等。本文分别从各技术分支占比以及各技术分支申请趋势两方面对中国专利申请和国外来华专利申请进行对比分析，以期根据二者的差异性，得到相关的结论。

1. 各技术分支占比

图 3-7 和图 3-8 分别示出了中国专利申请和国外来华专利申请的逆变器拓扑分支占比。根据图 3-7 和图 3-8 可以看出，在并网逆变器中，Z 源逆变器在国外来华的专利申请中没有出现，全部都是中国专利申请，可见，Z 源逆变器相关技术掌握在中国申请人手中。另外，非 MMC 式多电平逆变器与 MMC 式多电平逆变器在国内和来华申请的占比相当。在未提及逆变器拓扑的申请中，一般都是可采用传统桥式逆变器的，而在传统桥式逆变器和未提及逆变器拓扑中，中国和国外来华的专利申请中各自的二者总和占比相当。由上述分析可知，中国以及国外来华相关专利申请中，大部分都是基于传统桥式逆变器进行的申请，侧重点多是基于控制的，并且二者都在多电平逆变器领域进行了相关的专利布局。

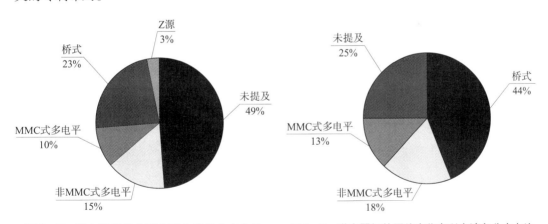

图 3-7　逆变器拓扑中国专利申请各分支占比　　图 3-8　逆变器拓扑国外来华专利申请各分支占比

图 3-9 和图 3-10 分别示出了中国专利申请和国外来华专利申请的逆变器控制分支占比。根据图 3-9 和图 3-10 可以看出，二者的重点均放在 MPPT、能量变换控制以及无功补偿与谐波抑制三个分支上，且就单组占比的二者对比，国外来华专利申请中关于MPPT 的占比稍大，而中国专利申请中能量变换控制的占比稍大，无功补偿与谐波抑制在二者中相当。此外，关于故障穿越以及孤岛检测技术方面，二者各自的占比均较小。

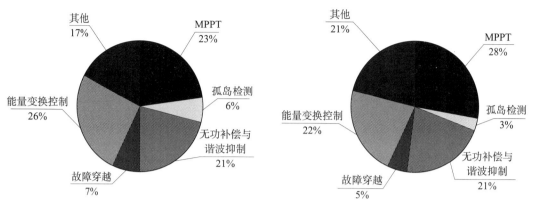

图3-9　逆变器控制中国专利申请各分支占比　　图3-10　逆变器控制国外来华专利申请各分支占比

2. 各技术分支申请趋势

图3-11和图3-12分别示出了中国专利申请和国外来华专利申请的逆变器拓扑分支专利申请趋势。由图3-11和图3-12可知，中国的专利申请的各拓扑技术分支申请量在2011～2014年为增长趋势，2015年大幅降低，2014～2017年总体下降并且波动变化中；而国外来华专利申请中各拓扑技术分支在2009～2012年为增长趋势，自2012年

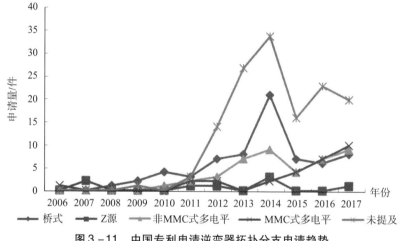

图3-11　中国专利申请逆变器拓扑分支申请趋势

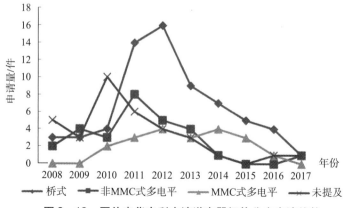

图3-12　国外来华专利申请逆变器拓扑分支申请趋势

以后为下降波动趋势，可见，从趋势上来看，国外逆变器各拓扑分支相关技术申请早于中国。而具体到各种拓扑中时，桥式拓扑基数最为庞大，而 MMC 式多电平的发展有逐步扩大的趋势，而国内申请人的申请中有相当一部分根本未提及具体的拓扑，只是提出单纯的保护控制方法，这在后面的对国内重要申请人的分析中会体现得更为具体。

图 3 - 13 和图 3 - 14 分别示出了中国专利申请和国外来华专利申请的逆变器控制分支专利申请趋势，由图 3 - 13 和图 3 - 14 可知，中国的专利申请的各控制技术分支申请量在 2011 ~ 2014 年为增长趋势，到 2015 年各分支申请量均大幅降低，2015 ~ 2017 年呈上升且波动变化；而国外来华专利申请中各拓扑技术分支在 2009 ~ 2011 年为增长趋势，自 2011 年以后为下降波动趋势。可见，单从趋势上来看，国外关于逆变器各控制分支的相关技术申请早于中国。而在具体到各控制技术分支时，MPPT、能量变换控制以及无功补偿与谐波抑制是三个最受关注的研究分支。MPPT 注重于发出能量的最大化，能量变换控制侧重于能量转化的效率，而无功补偿与谐波抑制则是可再生能源发出的电能能够并网到大电网系统中的基础性的关键技术，只有通过有效的无功补偿控制并滤除谐波才能

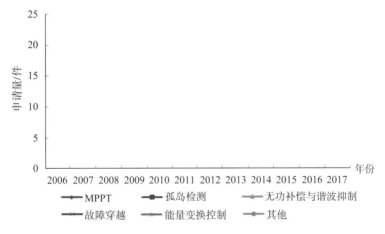

图 3 - 13　中国专利申请逆变器控制分支申请趋势

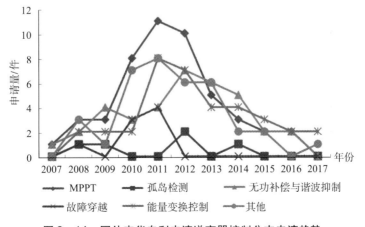

图 3 - 14　国外来华专利申请逆变器控制分支申请趋势

将稳定性相对很差的可再生能源发出的电能馈送到电网系统当中，因此，无论是国内还是国外的申请人都在无功补偿与谐波抑制方面给予了相当的重视，国内申请人的申请量在近几年的攀升势头更是十分强劲。

（六）中国重要申请人分析

为进一步分析中国重要申请人的专利申请状况，现选取前十名申请人中的国家电网、阳光电源作为企业代表，将各个高校专利申请量之和作为高校代表分别进行了分析。图 3 – 15 示出了企业和高校专利申请的法律状态。

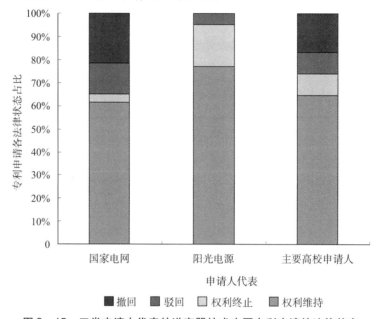

图 3 – 15　三类申请人代表的逆变器技术中国专利申请的法律状态

由图 3 – 15 可以看出，阳光电源在申请人代表中属于专利申请中授权占比最大的，达 75% 以上，且无终止专利，可见其技术水平相对较高，掌握了部分核心技术，产业化程度可观。授权占比较低的为国家电网且其专利终止占比量达 6%，可见其专利申请的质量和产业化程度有待提高。而高校申请中，授权专利中权利终止的占比最大，达 9%，可见高校应积极寻求专利产业化途径，发挥专利价值。

图 3 – 16 和图 3 – 17 分别示出了申请人代表的专利申请的逆变器技术的拓扑以及控制技术分支分布。可以看出，国家电网的专利申请中，拓扑方面研究较少，除了传统桥式逆变以外，多电平和 Z 源逆变器申请量较少；而控制方面其在每一项上均有涉及。阳光电源在拓扑方面，相对其他申请人，多电平逆变器占比明显较大，足见其研发重点为多电平逆变器；而在控制方面，其能量变换控制也占据优势，可见，能量变换控制也是其优势所在。高校申请人在拓扑方面的 Z 源逆变器以及多电平逆变器上均有所涉及；在控制方面的能量变换控制、MPPT、无功补偿与谐波抑制上均涉猎较多，可见，高校申请人在拓扑和控制方面研究比较均衡。

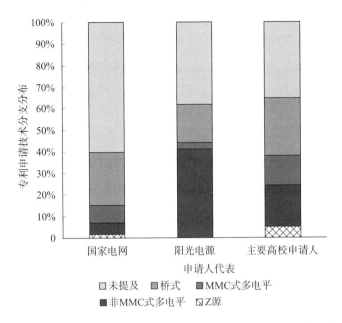

图3-16 申请人代表的逆变器技术拓扑分支中国专利申请分布

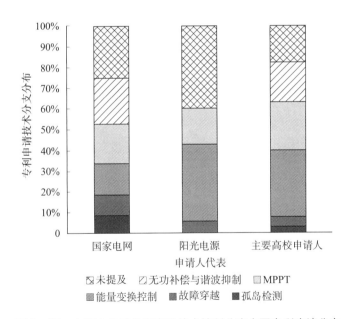

图3-17 申请人代表的逆变器技术控制分支中国专利申请分布

四、结论

(一) 技术发展现状及趋势预测

可再生能源发电并网技术凭借其发电来源为绿色能源、具有可持续发展等优势,受到众多国家的关注。通过对可再生能源发电并网技术现状及其全球专利和中国专利的分析，可以对于当前可再生能源发电并网技术的发展态势有宏观认识，对其逆变器技术的发展有更为清晰的认识。

1. 可再生能源发电并网及逆变器技术全球专利申请前景广阔，中国申请量稳居第一，美国、日本紧随其后

可再生能源发电并网及逆变技术专利申请始于 20 世纪 70 年代。2006 年以后，专利申请量快速增长，并且在 2015 年达到峰值，之后虽然略有下降，但仍然保持较高的申请量，表明该领域技术有着广阔的发展前景。从专利申请国别/地区来看，中国的申请量有着绝对的体量上的优势，稳居第一；美国和日本分别排名全球第二、第三。可见，中国的相关企业以及高校已经对可再生能源发电并网及逆变技术给予了足够的重视。

2. 逆变器技术全球产业化程度差异较大，中国技术转化程度有待提高

全球专利申请量排名前 20 位的申请人中，12 位来自中国，超过一半，申请人数量其次的是美国、日本。外国申请主体主要为公司，并且已逐步实现产业化。反观中国，专利申请量排名前十位的申请人中 7 位来自高校，企业较少，产业化程度较低，可能成为制约可再生能源发电并网技术在中国进一步发展的因素。与此同时，尽管在国内申请量庞大，但目前尚无此领域的中国公司或科研团队能够以全球化的视野走出国门，在其他国家进行有切实意义的专利布局，因而提升专利产业化程度对于国内申请人来说仍然任重道远。值得注意的是，除国家电网外，全球主要申请人的研发方向呈多元化态势，大多也处于技术探索阶段，尚未形成技术垄断局面，这其实也有利于中国申请人参与国际竞争。

3. 中国与技术发达国家相比，逆变器技术综合研发实力仍有显著差距，不过逆变器技术综合研发虽起步较晚，但后劲十足

从中国以及国外来华发明专利申请的法律状态对比来看，中国专利申请虽然申请量多，但多为实用新型专利，占比超过了 50%。而国外来华专利申请基本都是发明专利申请。国内申请人发明专利申请的授权率为 57%，远低于国外来华专利申请的 79%，同时，国内申请人授权后专利权终止的占到了 12%，相对于国外来华的申请还是比较多的。因此，中国专利申请的数量虽多，但质量稍显不足，综合研发实力与国外仍有差距。

从中国专利申请和国外来华专利申请的逆变器拓扑以及控制分支专利申请趋势来看，中国的专利申请的各技术分支申请量在 2011～2014 年为增长趋势，到 2015 年各分支申请量均略有降低，2015～2017 年呈上升趋势并且波动变化中；而国外来华专利申请中各拓扑技术分支在 2009～2011 年为增长趋势，自 2011 年以后为下降波动趋势。可见，单从趋势上来看，国外逆变器各控制分支相关技术的申请高峰早于国内申请人的，但是国内申请人从各分支的专利申请趋势上看仍然呈上升趋势，且数量居多，由此可见，中国逆变器技术研发后劲十足。

4. 技术方面，基于 MMC 拓扑的逆变器及其控制是未来重要的发展方向，无功补偿以及谐波抑制是可再生能源并网绕不开的课题

随着可再生能源发电的不断发展，其规模必将逐步扩大。而若要进行大规模、高比例的可再生能源发电，必将需要适用于更高功率等级的逆变器。MMC 拓扑方式由于其自身结构的特点，天然地相对于其他拓扑方式在该方面具有优势，因此，MMC 结构的或是基于 MMC 结构的与其他拓扑相结合的逆变器可能成为重要的发展方向。虽然就目前的专利申请量份额而言，MMC 并未展现出相对于其他拓扑方式的优势，但这主要是由于其相对于以桥式结构为代表的传统拓扑方式而言起步晚、基数小。而就发展趋势而言，MMC 从 2013 年开始，相关申请量一直在攀升。今后 MMC 由于其在大功率变换方向上的优势或将成为可再生能源发电并网技术中的研究热点。

同时，可再生能源发电具有先天的多变性，因而其发出的电能的稳定性相对于传统能源发电方式明显存在劣势。不稳定的能量经过逆变转换后若是要并入电网则必将为电网系统引入大量的谐波，因此，必须在并网的过程中进行有效的无功补偿控制以及谐波抑制。无功补偿控制以及谐波抑制是可以支撑可再生能源发电并网技术不断进步的基础，尤其是在大规模高比例地使用可再生能源发电并网的发展过程中，无功补偿控制以及谐波抑制是绕不开的课题，涉及无功补偿控制以及谐波抑制的申请始终保持着较高的申请量，在此方面国内申请人的申请量在近几年的攀升势头十分强劲。

（二）对我国可再生能源发电并网技术的发展建议

目前我国涉及可再生能源发电并网技术中逆变器技术研究的申请人主要有国家电网、阳光电源、上海交通大学、华北电力大学、合肥工业大学等公司和高校。研究方向涉及逆变器拓扑和逆变器控制，其中，逆变器拓扑方面包括了多电平逆变器和 Z 源逆变器等；逆变器控制方面包括了 MPPT、能量变换控制、无功补偿与谐波抑制、故障穿越、孤岛检测等。这一发展得到政府和相关领域研究者的高度重视。国家电网和阳光电源以及很多高校开始在拓扑和控制等方面取得了一些进展。根据中国的发展现状，笔者对可再生能源发电并网技术提出以下建议：

1. 我国知识产权相关部门应及时发布可再生能源发电并网技术专利预警信息，为我国电力行业提供决策信息辅助

作为智能电网行业比较新兴且重要的可再生能源发电并网技术，在我国正处于研究性阶段，专利申请量快速增长。及时掌握国内外可再生能源发电并网技术相关专利的发展动向，掌握可再生能源发电并网技术的发展趋势，对重点技术进行跟踪和预警，有利于指导我国智能电网行业调整研发思路，提高研发效率。

2. 加强企业与高校科研院所之间的合作，形成产、学、研联动格局，促进产业化不断走向深入

我国可再生能源发电并网技术方面的研发力量主要集中在高校和少数企业。高校研究各方面比较均衡，而作为企业代表之一的阳光电源的研究方向比较集中，它们在理论研究和技术前沿跟踪方面具有明显优势。企业立足于产品和市场，拥有产业化的平台和经验，更多关注技术的产业化可行性。应促进大学、科研机构与企业合作，提高共同研发能力，整合形成产、学、研支持的合力，提高我国可再生能源发电并网技术核心竞争力。加强交流，充分发挥各自优势，推动可再生能源发电并网技术由实验室走向产业化。

3. 以市场应用以及产业化为切入点，逐步推进逆变器技术方面的研究，加强自主创新技术在实际应用方面的转化能力

可再生能源发电并网技术的重点专利技术大部分集中在逆变器技术方面，它是整个环节的关键技术。虽然我国在该领域专利申请量庞大，但由专利向市场应用转化的程度并不高。以国家电网为代表的国内申请人的很多专利申请都是控制方法类的理论研究，真正转化为实际应用的，以抢占技术市场份额为申请目的的，专利布局式的申请相对较少，因此专利本身的价值并未通过市场化的方式得到充分发挥。国外来华申请则大多是依托于具体的拓扑结构加以特定的控制方式，其申请量虽然相对不多，但从质量以及可市场化程度而言，具有明显优势，而这些专利的专利权的保护更能够为申请人带来切实的市场化的经济利益。因此，以市场应用以及产业化为切入点，逐步推进专利质量，加强自主创新的实际应用的转化能力，让专利充分发挥其本质作用，是值得我国相关领域研究人员关注的重要主题。

4. 提高专利保护意识，对重点专利及时进行海外布局

目前，我国可再生能源发电并网技术的专利布局主要在国内，对国外的市场涉足极少。因此，我国申请人应该提高专利保护意识，学习和借鉴国外优秀企业的专利申请和保护策略，注意自身专利的挖掘和优化组合，形成一定量的专利组合，提前对国外潜在市场进行专利布局。

参考文献

[1] 李素娟. 光伏发电并网技术专利申请分析[N]. 中国知识产权报，2013 – 08 – 07(7).

[2] 曾正，等. 可再生能源分散接入用先进并网逆变器研究综述[J]. 中国电机工程学报，2013，33 (24)：1 – 12.

[3] 刘伟，等. 光伏发电接入智能配电网后的系统问题综述[J]. 电网技术，2009，33(19)：1 – 6.

[4] 陈炜，等. 光伏并网发电系统对电网的影响研究综述[J]. 电力自动化设备，2013，33(2)：26 – 32.

应用于智能电网输配线路的金属氧化物避雷器（MOA）专利技术综述[*]

顾洪　胡书红[**]　蒋帆[**]　张小伟　李露曦　张烨　胥志澂

摘　要　智能电网输配线路中，金属氧化物避雷器（MOA）作为防雷保护的防线之一，已被广泛研究与应用。本文以应用于电网输配线路的 MOA 为研究对象，从 MOA 本体结构、针对 MOA 的测试以及 MOA 与智能化的交互这三个部分，对全球专利申请量趋势、重要专利申请人和专利申请国家等进行了统计、研究和分析；对 MOA 本体结构和针对 MOA 的测试这两个部分的重点分支的技术演进和优缺点进行了对比分析；对 MOA 与智能化的交互进行了技术演进和发展趋势的研究分析。通过以上研究分析，对应用于智能电网输配线路的 MOA 的研究现状进行总结，并对未来的发展趋势进行预测，以期为该领域的技术分析提供参考。

关键词　智能电网　输配线路　金属氧化物避雷器（MOA）　专利申请

一、研究概述

（一）研究背景

智能电网因其特有的功能而区别于传统电网，是电网的现代化概念。2009 年，中国、美国、日本均发布了智能电网技术标准体系的相关文件，对智能电网的发展起到了积极的规范、推动作用。美国 NIST 发布的《智能电网互操作标准框架和技术路线图》涵盖了发电、输电、配电等 7 个领域，其中，输配电线路作为智能电网的重要组成部分，由于分布范围广泛且所处环境恶劣，遭受雷击的概率非常高，其安全性问题不可轻视。输配线路避雷器作为防雷保护的防线之一，起着至关重要的作用，因此，应用于智能电网输配线路的避雷器本体、针对避雷器的测试以及避雷器与智能化的交互成为近年来的研究热点之一。

---

　*　作者单位：国家知识产权局专利局专利审查协作江苏中心。

　**　等同第一作者。

（二）研究内容及重点

电网输配线路用避雷器按照其发展历史和保护性能的改进过程，可分为保护间隙、排气式避雷器、普通阀式避雷器、磁吹避雷器、金属氧化物避雷器（MOA）等。其中，MOA 是 20 世纪 60 年代末出现的新型避雷器。鉴于 MOA 的优势，国内外众多公司及科研机构对其进行了大量研究。

本文以应用于电网输配线路的 MOA 为研究对象，依据 MOA 发展历程的研究重点，对 MOA 本体结构、针对 MOA 的测试以及 MOA 与智能化的交互进行了重点专利分析。

在 MOA 本体研究中，根据图 1－1 所示的技术分解，以无间隙 MOA、外串纯空气间隙 MOA 和外串绝缘支撑间隙 MOA 为重点进行分析；在针对 MOA 的测试中，根据图 1－2 所示的技术分解，研究了对 MOA 进行测试的方法，并以红外图像测试、绝缘电阻测试、泄漏电流测试、放电次数测试以及内部缺陷测试为重点进行分析；对 MOA 与智能化的交互进行分析，并形成技术演进和发展趋势图。

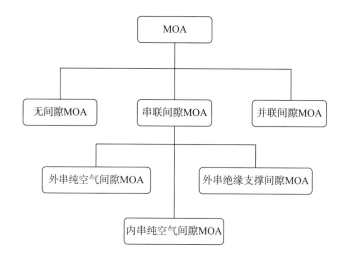

图 1－1 MOA 本体的技术分支

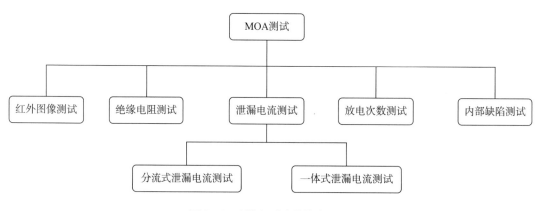

图 1－2 MOA 测试的技术分支

（三）研究方法

在电网输配线路的 MOA 专利申请、MOA 测试的专利申请以及 MOA 与智能化交互的专利申请检索中，检索数据库包括 DWPI、SIPOABS、CNABS、USTXT、WOTXT、EPTXT，其中，全球专利申请检索以 DWPI 数据库为主，中国专利申请检索以 CNABS 为主，所有数据库中的检索数据最终转库至 DWPI 数据库中进行统计，并对 2018 年 6 月 30 日之前的专利申请进行分析。

1. 电网输配线路的 MOA

检索要素构建方法：以"避雷器"为主体，采用"氧化物"和"电网"进行限制，检索过程中，对关键词进行了充分的扩展。

检索式：

/TI arrest + or（light？ning 3d（protect + or insulator or prevent + or conductor））

/IC H01C OR H02H OR H01T OR H01H OR G01R

DWPI + SIPOABS：oxid + or ZnO or MOA or USTXT + WOTXT + EPTXT：（oxid + or ZnO or MOA）/frec > 2

（（net + or grid or line or cable or wire）3d（electric + or power or voltage or HV or supply））or transmission or distribution or station or HVDC

检索结果数量：625。

2. MOA 测试

检索要素构建方法：以"避雷器"为主体，采用"氧化物"和"测试"进行限制，检索过程中，对关键词进行了充分的扩展。

检索式：

/TI arrest + or（light？ning 3d（protect + or insulator or prevent + or conductor））

/IC G01R

oxid + or ZnO or MOA

test + or predict + or detect + or check + or monitor + or inspect + or measur +

检索结果数量：693。

3. MOA 与智能化交互

检索要素构建方法：以"金属氧化物避雷器"为主体，采用与"智能"相关的关键词进行限制。

检索式：

/TI（（arrest + or（light？ning 3d（protect + or insulator or prevent + or conductor）））or MOA）

test + or predict + or detect + or check + or monitor + or inspect + or measur +

oxid + or ZnO or MOA

smart or intelligent or intellect or intelligence or remote or tele + or distant or range or wireless or radio or GPRS or zigbee or control or automatic or internet

检索结果数量：357。

二、电网输配线路用 MOA 相关专利分析

（一）电网输配线路用 MOA 相关专利情况分析

针对目前因为优势明显而被广泛应用于电网的 MOA，国外从 20 世纪 60 年代末期开始投入研究，到 20 世纪 80 年代末期、90 年代初期，已具商业使用价值，据统计，当时已经有数万条高压输配电线路装设 MOA 并起到了良好的防雷效果。我国对 MOA 的研究较晚，但已取得了一定的研究成果。

1. 全球专利申请概况

图 2-1 显示出了 1972～2018 年 6 月应用于电网的 MOA 的历年专利申请量发展趋势。由图中可以看出，自 20 世纪 70 年代初期对 MOA 展开研究以来，该技术的专利申请量的变化趋势大致可以分为三个阶段：初始试探期（1972～1985 年），每年的专利申请量均不足 10 项，且数量不稳定，呈振荡趋势，可以看作是技术起步阶段；稳步增长期（1986～2006 年），专利申请量变化趋势缓慢但数量稳定，在 20 世纪 90 年代出现小高峰，这主要是针对 MOA 本体结构的集中性研究；快速增长期（2007～2018 年），每年的专利申请量迅速增加，可看作快速发展阶段，这主要是由于中国专利申请量的骤增，以及由于智能电网的提出和推广，针对 MOA 与测试一体化、智能化的专利申请开始出现并增多。从该趋势图可以看出，目前应用于电网的 MOA 的发展仍然比较活跃，每年都有大量专利技术产生，且专利申请保持在较高的数量。

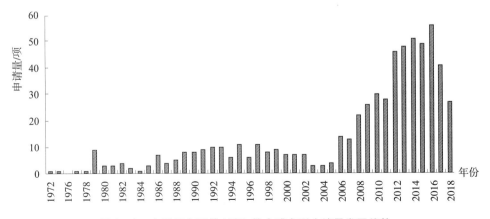

图 2-1 应用于电网的 MOA 的全球专利申请量发展趋势

2. 全球专利申请区域分布概况

图 2-2 显示出应用于电网的 MOA 的全球专利申请区域分布，由图中可以看出，在应用于电网的 MOA 的专利申请中，中国的专利申请量排名居首，占全球份额的 62%，其次为占全球份额 19% 的日本和 6% 的美国。由此可见，中国已经成为该领域的重要申请国，其市场潜力已经逐步被发掘。

图 2-3 显示出应用于电网的 MOA 领域专利申请量之和占全球申请量 81% 的中国和日本的各自的专利申请量与全球专利申请量的申请趋势对比。由图 2-3 可见，日本并非 MOA 研究发起最早的国家——在日本之前，已经有美国的数个公司开始研究 MOA 在电网，特别是输配电线路上的应用。但自从日本在 20 世纪 70 年代末期和 80 年代初期进行了 MOA 的研究之后，便呈现了持续 20 年左右的较大批量专利申请的态势，这足以说明日本对于该领域的重视程度。我国对于应用于电网的 MOA 的研究起步较晚，且在

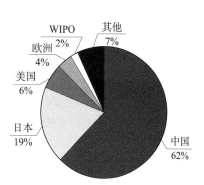

图 2-2　应用于电网的 MOA 的
全球专利申请量区域分布

初期并未申请大量专利，但从 2006 年开始，我国在该领域的专利申请量呈现指数式增长，同期日本专利申请量维持在 20 世纪 90 年代初期的水平甚至更低，这种情况与中国近年来对科学研究、发明创造的鼓励有着分不开的联系，表明国家的投入已初见成效。

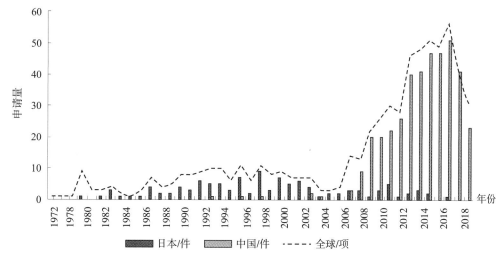

图 2-3　MOA 领域中日两国及全球专利申请量发展趋势

3. 重要申请人概况

图 2-4 为应用于电网的 MOA 技术领域重要申请人的专利申请分布概况，其中排名第一的为中国的国家电网，其次是来自日本的三菱电机、东芝、日本碍子、日立。由图 2-4 可以看出，来自中国的申请人全是企业，这体现了 MOA 的应用市场比较大；来

自日本的三菱电机、东芝、日本碍子、日立虽然申请量不是最高，但作为 MOA 的早期科研机构，在专利申请中一直占有一定的分量。

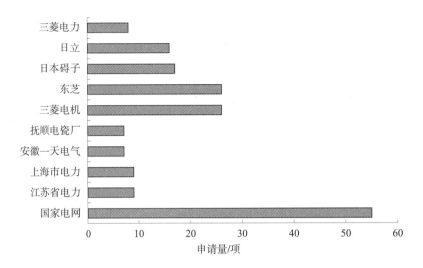

图2-4　应用于电网的 MOA 的全球专利重要申请人的专利申请量

（二）电网输配线路用 MOA 专利技术分析

在专利申请方面，如图2-5所示，应用于输配电系统中的 MOA 数量较多，变电系统次之，发电系统最少，这主要是由于输配电系统布局最广，遭受雷电压及操作过电压的几率最大，且避雷器受所安装的气候环境等条件制约而必须平衡避雷效果和外形尺寸，因此，应用于输配电线路中的 MOA 在专利申请量上占了绝大多数。进一步地，由于串联间隙 MOA 和并联间隙 MOA 广泛应用于输配电线路中，如图2-6所示，包含串联纯空气间隙和串联绝缘支撑间隙的串联间隙 MOA 占比最大，无间隙 MOA 次之，并联间隙 MOA 占比最小。

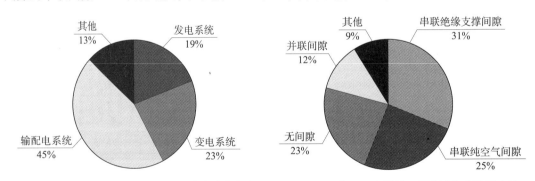

图2-5　应用于电网的 MOA 的应用场合申请量占比　　　图2-6　应用于电网的不同 MOA 申请量占比

综上，本文在对 MOA 本体结构的重点专利梳理过程中，将着重分析近年来研究较多的无间隙、外串纯空气间隙以及外串绝缘支撑间隙这三种 MOA。

1. 无间隙 MOA

无间隙 MOA 主要用于限制雷电过电压及操作过电压，其无须与绝缘子串保持距离，安装方便，但在操作过电压情况下会频繁动作，存在老化趋势。

如图 2 – 7 所示，DE2248117（申请日 1972 年 9 月 28 日）公开了一种无间隙 MOA，其应用于高压开关系统中，包括气态绝缘介质和金属过载避雷器外壳，与开关外壳连通并包含相同的气态绝缘介质，电阻元件以柱状布置设置在具有氧化锌基底的导电金属组合物中，用于消除放电的火花隙。

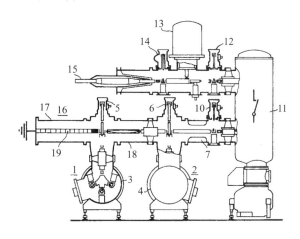

图 2 – 7　DE2248117 避雷原理

如图 2 – 8 所示，JP4593679（申请日 1979 年 4 月 13 日）公开了一种金属氧化物避雷器，其带有弧形喇叭形避雷器的长型主干绝缘子连接在塔架和上部相位的电缆之间，防止反向闪络现象，减少电缆之间的空间和塔的尺寸。

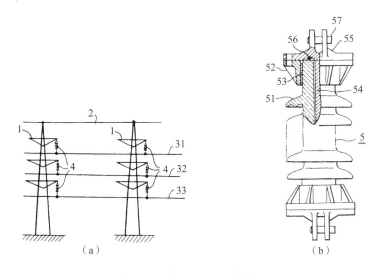

图 2 – 8　JP4593679 避雷原理

如图 2 – 9 所示，CN85200820（申请日 1985 年 4 月 2 日）公开了一种三相低压氧化锌避雷器，其采用无间隙的氧化锌避雷器原理，将三个或四个氧化锌阀片共同装在一起构成一个避雷器，并装设在被保护设备的后面，以保护低压电器例如电度表免遭雷击过电压的作用。

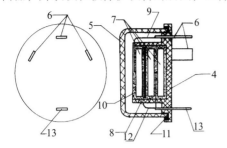

图 2-9 CN85200820 避雷原理

如图 2-10 所示，JP28540692（申请日 1992年 4 月 30 日）公开了一种具有间隔物的无间隙避雷器，其采用氧化锌元件作为限流元件，串联耦合相间间隔物，能够可靠地防止由于雷击等引起的相间间隔物的电位上升导致的相间短路事故。

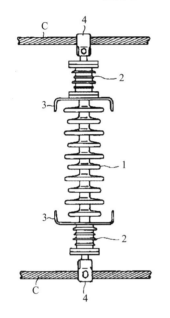
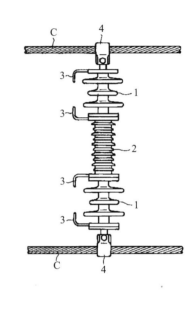

图 2-10 JP28540692 避雷原理

如图 2-11 所示，CN97201747（申请日 1998 年 9 月 19 日）公开了一种有机复合外套无间隙金属氧化物避雷器，外套与芯体间的空腔突破传统避雷器充入保护气体的旧工艺，采用真空灌注绝缘导热材料，全密封固体绝缘结构，能满足各种环境条件使用。

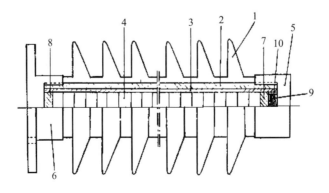

图 2-11 CN97201747 避雷原理

如图 2 - 12 所示，CN200820233227（申请日 2008 年 12 月 30 日）公开了一种六氟化硫罐式无间隙金属氧化物避雷器，其在电阻片柱上端增加均压罩、在均压罩上方连接导电杆装置与盆式绝缘子可靠电连接，在电阻片柱下端用绝缘导线引出接避雷器监测仪或直接接地，壳体内部充高气压六氟化硫绝缘气体，该结构提高对大电流及方波电流的耐受能力并简化结构，提高安全运行可靠性。

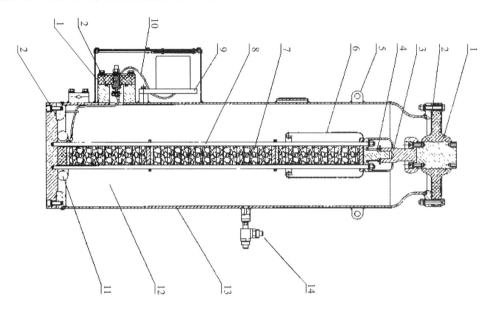

图 2 - 12　CN200820233227 避雷原理

如图 2 - 13 所示，CN200920012454（申请日 2009 年 3 月 27 日）公开了一种特高压瓷套式无间隙氧化锌避雷器，其由五节避雷器元件串联组成，顶端装有均压环，内部采用四柱电阻片柱并联结构，每节元件内的四柱电阻片由均流连接板将其分成五组；在避雷器元件内部有并联电容器组，其中上一节并联四柱电容器，上二节并联五柱电容器，上三节并联二柱电容器，结构适用于 1000 千伏交流特高压输电工程。

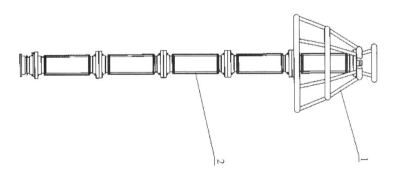

图 2 - 13　CN200920012454 避雷原理

如图 2 - 14 所示，CN201020607509（申请日 2010 年 11 月 15 日）公开了一种瓷外套交流无间隙金属氧化物避雷器，将避雷器电阻片串联，侧面缠绕浸环氧树脂的无碱玻璃布带制成芯体，待环氧树脂干燥固化后，将芯体装入瓷套内，上端通过弹簧、压板等与瓷套高压法兰连接，下端通过低压接线端子引出，密封产品内部充绝缘气体。该结构提高芯体绝缘性能和电气性能，并简化了结构。

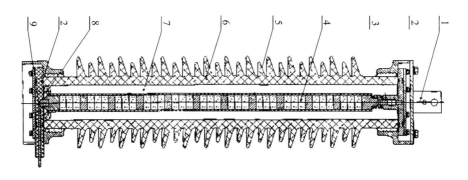

图 2 - 14　CN201020607509 避雷原理

如图 2 - 15 所示，CN201310197661（申请日 2013 年 5 月 24 日）公开了一种无间隙金属氧化物避雷器，其包括套设有多层电阻片的两个以上绝缘棒，每个绝缘棒上套设有多层间隔设于不同层电阻片之间的绝缘垫片，还包括用于与不同绝缘棒上的电阻片导电连接的连接件，不同绝缘棒上电阻片之间通过连接件的连接实现串联电连接。该结构提高避雷器的吸收能量能力和放过电压能力。

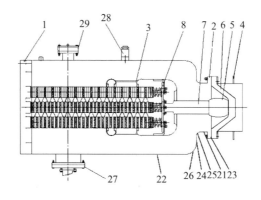

图 2 - 15　CN201310197661 避雷原理

如图 2 - 16 所示，CN201420575334（申请日 2014 年 10 月 8 日）公开了一种 220kV 交流系统用硅橡胶外套无间隙氧化锌避雷器，其上端安装有均压环和接线端子板，下端安装有绝缘底座的避雷器元件，避雷器元件由二节避雷器本体元件串联构成，每节避雷器本体元件内部设有单柱电阻片柱，外面套有硅橡胶外套，避雷器本体元件之间由垫板隔开。该结构具有良好的耐久性、耐污性、柔韧性和防爆性，且重量较低。

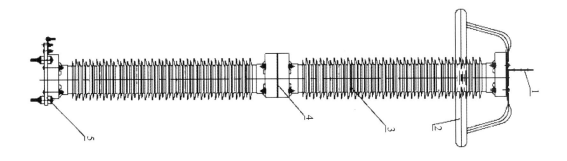

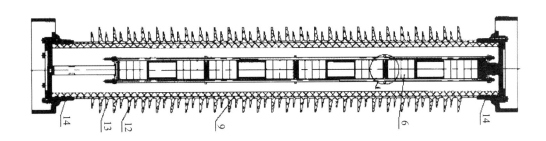

图 2 - 16　CN201420575334 避雷原理

如图 2 - 17 所示，CN201420851683（申请日 2014 年 12 月 27 日）公开了一种光伏发电专用无间隙金属氧化物避雷器，其通过四组氧化锌电阻片组吸收过电压，滤波电容吸收光伏放电系统中产生的高次谐波，实现对光伏发电系统中产生的雷电过电压和操作过电压的吸收，提高绝缘性能并降低成本。

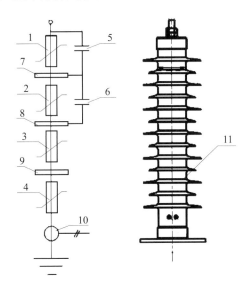

图 2 - 17　CN201420851683 避雷原理

CN201620058768（申请日2016年1月20日）公开了一种高压三相组合式自脱离无间隙氧化锌避雷器装置，其采用三相组合式四星型接法解决相间过电压，回路中加入热熔防爆脱扣器，能够在装置出现故障时脱离电网从而保证装置可靠性。

2. 外串纯空气间隙MOA

外串纯空气间隙MOA由复合外套MOA本体和串联间隙两部分构成，原理如图2-18所示，其主要用于限制雷电过电压及部分操作过电压，可靠性高、保护裕度大、绝缘配合分散性小，广泛应用于输配电系统中。

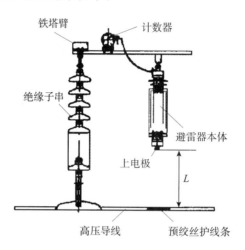

图 2-18　外串纯空气间隙 MOA 原理

如图2-19所示，JP19716686（申请日1986年8月25日）公开了一种纯空气间隙的金属氧化物避雷器，该结构可承受过电流电压，主要应用于输电线路。

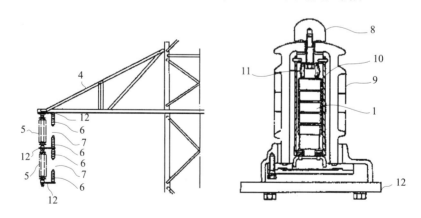

图 2-19　JP19716686 避雷原理

如图2-20所示，JP6981287（申请日1987年3月24日）公开了一种架空送电线用避雷碍子装置，其亦是采用纯空气间隙的MOA，将纯空气间隙与氧化锌限流元件串联。

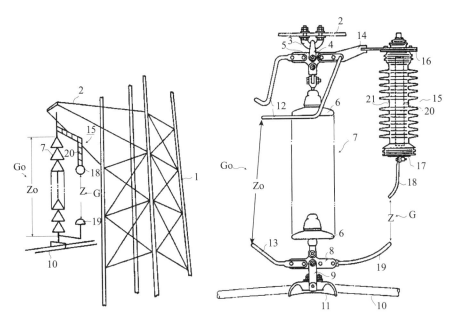

图 2－20　JP6981287 避雷原理

如图 2－21 所示，JP5951094（申请日 1994 年 3 月 29 日）公开了一种采用纯空气间隙的金属氧化物避雷器，其外壁气密性良好，且内壁设置压力释放孔，在防爆的同时还具有小型化、重量轻等优点。

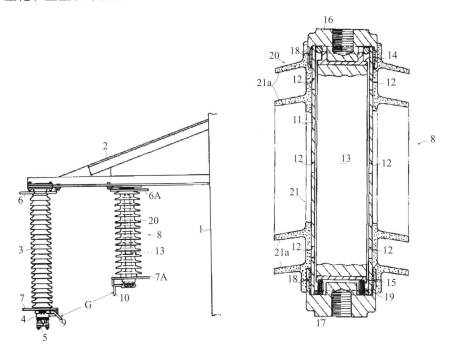

图 2－21　JP5951094 避雷原理

如图 2-22 所示，CN200720093303（申请日 2007 年 2 月 7 日）公开了一种输电线路用有外空气间隙氧化锌避雷器及其安装装置，其可以精确固定放电间隙，避免因放电间隙安装不准确长期放电，导致电阻片快速老化，降低避雷器寿命，且与导线距离任意可调可实现放电电弧不会烧伤导线，安装拆卸方便，操作省时省力。

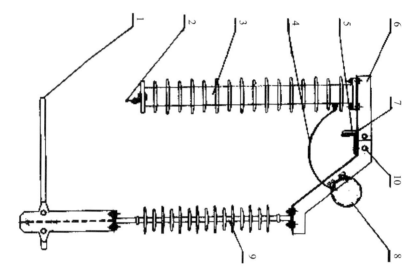

图 2-22　CN200720093303 避雷原理

如图 2-23 所示，CN201010110604（申请日 2010 年 1 月 23 日）公开了一种带空气间隙金属氧化物避雷器，避雷器增设高压电极和低压电极；低压电极装配在避雷器本体下端并与避雷器本体牢固电连接，高压电极装配在线路导线上并与线路导线牢固电连接，高压电极和低压电极之间形成空气间隙。该结构在雷电过电压时能可靠动作，在雷电过后易恢复绝缘，从而避免线路跳闸停电。

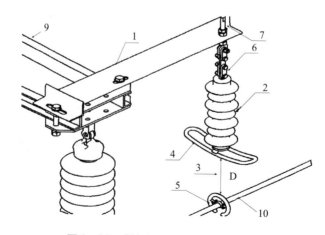

图 2-23　CN201010110604 避雷原理

如图 2-24 所示，CN201120447956（申请日 2011 年 11 月 14 日）公开了一种直流输

电线路保护用避雷器，其采用高性能直流氧化锌电阻片和防爆型环氧玻璃布绝缘筒组装，外部绝缘由液体硅橡胶通过整体一次注射成型工艺制造，采用安装装置来限制外串空气间隙的下电极在直流输电导线上的摆动幅度，耐老化、防爆性以及放电性优良。

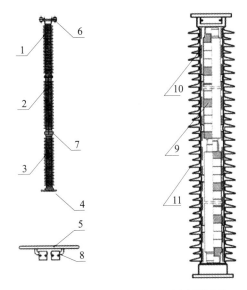

图 2 - 24　CN201120447956 避雷原理

如图 2 - 25 所示，CN201310655627（申请日 2013 年 12 月 5 日）公开了一种具有线路绝缘子性能的避雷器，其包括铁塔侧金具、芯棒、导线侧金具及中空的带间隙避雷器，铁塔侧金具和导线侧金具分别压接在芯棒的两端上，中空的带间隙避雷器套装在芯棒之外。该结构与普通绝缘子串相当的结构高度同时实现了绝缘子与避雷器的功能。

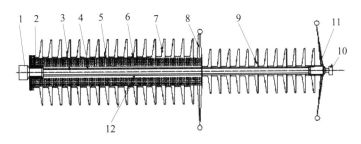

图 2 - 25　CN201310655627 避雷原理

如图 2 - 26 所示，CN201620032938（申请日 2016 年 1 月 13 日）公开了一种 10kV 可带电更换的雷击闪络保护器，其将高压导线引接到线夹上，引流棒与放电极之间设有 38 ~ 40mm 空气间隙，使雷击闪络保护器平时不会受到工频电压、操作过电压的影响，且该间隙为固定间隙，不受各种自然天气的影响。

3. 外串绝缘支撑间隙 MOA

外串绝缘支撑间隙 MOA 原理如图 2 - 27 所示，采用绝缘支撑间隙的 MOA 在高压输配电线路的应用中，间隙与避雷器本体一体化，安装简单无须调节间隙，但其绝缘支撑要持久承受大部分过电压而具有类似输电线路绝缘子的失效率。

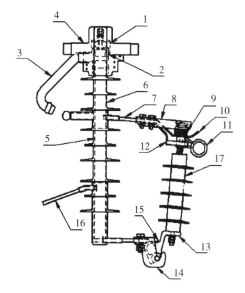

图 2-26　CN201620032938 避雷原理

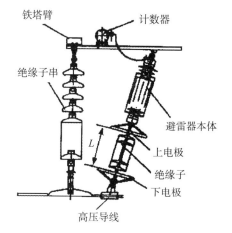

图 2-27　绝缘支撑间隙 MOA 原理

如图 2-28 所示，JP163289（申请日 1989 年 1 月 7 日）公开了一种采用支撑件支撑间隙的金属氧化物避雷器，其设置支撑装置用于支撑杆塔和配电线之间的避雷器，可稳定避雷器间隙，使避雷效果可靠。

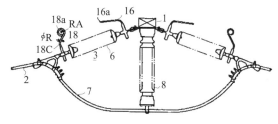

图 2-28　JP163289 避雷原理

如图 2-29 所示，JP36149592（申请日 1992 年 12 月 29 日）公开了一种避雷器间隔器，其将具有非线性电阻特性的氧化锌元件作为限流元件的避雷器与陶瓷或聚合物制成的相间间隔物并联连接，该间隔器可应用于纯空气间隙避雷器和绝缘支撑间隙避雷器，能有效预防因为落雷而造成的架空线电位上升导致的相间短路接地等事故。

如图 2-30 所示，TW95201468（申请日 2006 年 1 月 23 日）公开了一种线路保护避雷器，其为外串绝缘支撑间隙的氧化物避雷器，由硅胶复合材质注射外套氧化物避雷器本体和串联间隙所形成，且硅胶与金属氧化物和电均压片是由硅胶接合一体成型，伞裙状绝缘梯可加长沿面距离，增加绝缘强度。

如图 2-31 所示，CN201520034703（申请日 2015 年 1 月 19 日）公开了一种用于交流输电线路上的串联间隙金属氧化物避雷器，软弹簧、上电极、环氧管、下电极从上到下依次电连接，绝缘棒设于环氧管内并包括多个平行电阻片，结构简单。

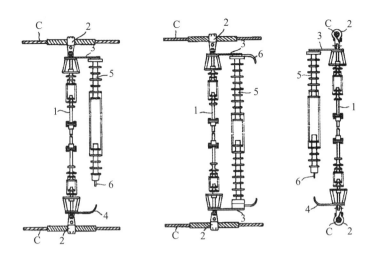

图 2 - 29　JP36149592 避雷原理

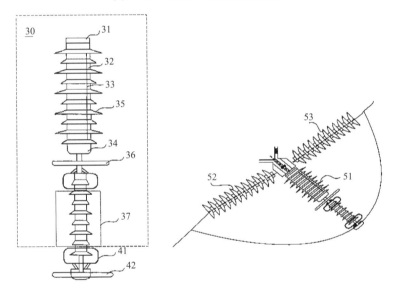

图 2 - 30　TW95201468 避雷原理

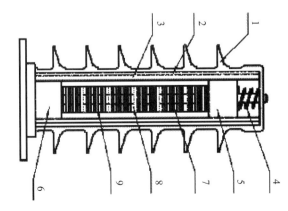

图 2 - 31　CN201520034703 避雷原理

如图 2 - 32 所示，CN201621098676（申请日 2016 年 9 月 30 日）公开了一种串联间隙金属氧化物避雷器，其一端为金属材质的电均压片，电均压片与架空输配电线路的导线均压片保持一定的空气间隙。该结构可减少雷击时跳闸、停电的概率。

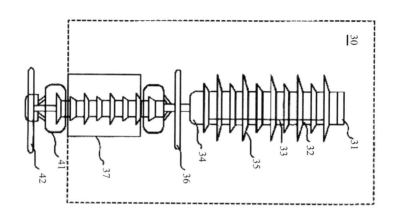

图 2 - 32　CN201621098676 避雷原理

4. MOA 本体技术分支综合分析

通过对 MOA 本体结构各技术分支的重点专利申请进行分析，形成了如图 2 - 33 所示的技术演进：针对无间隙 MOA 的研究时间比较早，由于其能有效地限制雷电过电压及操作过电压且安装方便、应用范围广，但在应用过程中老化趋势明显，目前在配电系统应用较多；20 世纪 80 年代早期出现了外串纯空气间隙 MOA，其限制雷电过电压可靠且保护裕度较大，且结构简单，持续运行稳定性相对较高，广泛应用于电网输配电系统中，但安装时需要一定数量的工人对其空气间隙进行现场校准，维护成本较高；20 世纪 80 年代后期出现了串联绝缘支撑间隙 MOA，其无须调节间隙且安装简单，但其绝缘支撑件由于要持久承受大部分操作过电压而具有类似输电线路绝缘子的失效率，因此在绝缘支撑件的材质选用和结构设计上需要格外严谨。应用于电网输配电线路的无间隙 MOA 和外串间隙 MOA 的优缺点对比列举如表 2 - 1 所示，以在此后的选用上有所考虑。

针对 MOA 本体结构的研究主要集中于 20 世纪 90 年代，在 21 世纪初，研究成果已经较为成熟，此后的专利申请主要是针对不同类型的 MOA 进行弱化缺点式的改进。例如，提高无间隙 MOA 的耐老化性、实现外串纯空气间隙的自校准、降低串联绝缘支撑间隙 MOA 的失效率等，进而提高 MOA 的防雷性能、绝缘性、耐老化性、防爆性等，然而更多的是针对 MOA 本体与测试一体化、智能化的研究，该部分将在后续部分进行分析。

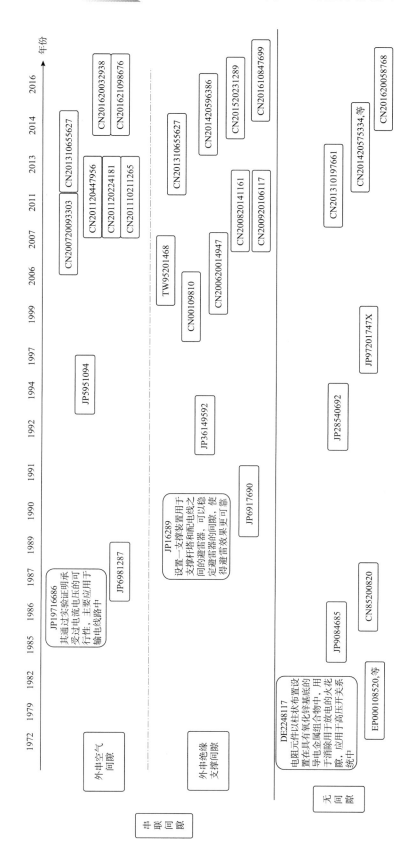

图2-33 MOA本体结构技术分支演进

表2-1　无间隙 MOA 与外串间隙 MOA 的特性比较

项目	无间隙 MOA	外串间隙 MOA
动作负载	雷电、操作及工频过电压	雷电过电压
通电导致的劣化	须考虑	不须考虑（免维护）
避雷器单元长度	长	短
在避雷器失效时	须脱离器件	线路可借助串联 间隙成功重合闸

三、MOA 测试相关专利分析

MOA 在长期运行状况中容易出现内部电阻阀片劣化和内部绝缘受潮等缺陷，因此，MOA 的测试在保护设备免受瞬时高压危险中至关重要。目前，针对 MOA 进行的测试中，主要分为绝缘电阻测量、泄漏电流测量、放电次数测量、红外图像测试以及内部缺陷测试，其中，绝缘电阻测量、泄漏电流测量以及放电次数测量属于预防性测试，应用较为广泛。

（一）MOA 测试专利申请分布情况

1. 全球申请国家分布

截至 2018 年 6 月，全球专利申请中涉及 MOA 测试的申请分析如图 3-1 所示。1977～1981 年仅有少量相关申请，之后进入波浪式的上升期，在 2012 年进入最高峰。2006～2013 年的申请量数据波动比较大，最后几年的申请量趋于稳定。2018 年上半年涉及 MOA 测试的申请数量为 12 项，不及 2017 年全年申请量的一半，预计 2018 年全年涉及 MOA 测试的申请数量将低于 2017 年。如此的趋势变化是因为随着技术的进步，MOA 逐渐成为主流避雷器，而在 MOA 被普遍应用后，又带来了新的问题，需要进行针对性的测试，导致申请量的提升；经过一段时间的发展，MOA 的测试问题基本解决，导致申请量下降。

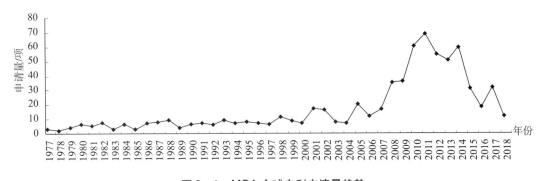

图 3-1　MOA 全球专利申请量趋势

从全球专利申请的国家分布来看，申请量最大的国家是中国，具体占比参见图 3-2，这与中国企业的数量较多是相关的，也在一定程度上反映了中国对相关领域技术的重视程度；其次是日本、美国等国家。

截至 2018 年 6 月，MOA 测试领域的前八位申请人如图 3-3 所示。申请量排名前八位的申请人的申请量之和占总申请量的 87%（图 3-3 中未明示），反映出这个行业的集中度比较高，其中，我国的国家电网高居首位，其次是日本的三菱电机，从排名前八的申请人所在国家可以看出中国和日本在 MOA 测试领域占据领先地位。

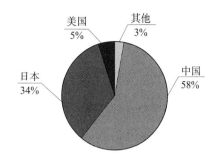

图 3-2　各国 MOA 测试专利申请量比例

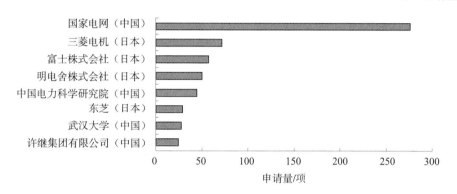

图 3-3　MOA 测试主要专利申请人

由图 3-3 可以看出在 MOA 测试领域有两个申请量比较多的重要申请人，它们是国家电网和三菱电机，下面对它们的申请量进行一下分析。二者的申请量趋势如图 3-4 所示，可以看出三菱电机开展 MOA 测试的研究比较早，其在 1988 年就提出了相关申请，而国家电网在 1993 年才提出第一件相关申请，但是三菱电机在 1988 年后很长的一段时

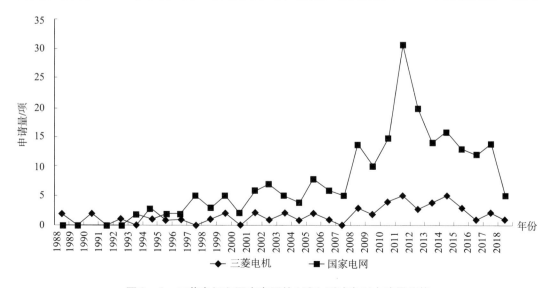

图 3-4　三菱电机和国家电网的 MOA 测试专利申请量趋势

间里都未进行过相关申请或申请量较小，而国家电网在 1993 年开始了相关研究，并在后期取得技术突破。在 2018 年上半年，国家电网的申请量依旧明显高于三菱电机，可见，国家电网在 MOA 测试领域已占据主导地位。

2. 国内申请年代分布

中国专利申请中涉及 MOA 测试的申请的年代分布如图 3－5 所示。自 1993 年出现 MOA 测试的专利申请后，中国的专利申请量的发展趋势与全球专利申请量的发展趋势总体上一致。我国 2018 年上半年涉及 MOA 测试的申请数量为 9 件，不及 2017 年全年申请量的一半，预计 2018 年全年涉及 MOA 测试的专利申请数量将略低于 2017 年。

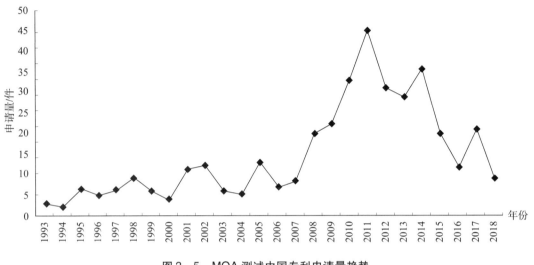

图 3－5　MOA 测试中国专利申请量趋势

（二）MOA 测试专利技术概况

MOA 测试技术的研究，国内开展较晚，国外开展较早，至今仍在不断发展。下面通过专利申请详细介绍各种测试方法的发展趋势。

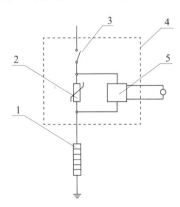

图 3－6　CN92245967 避雷器
测试原理

1. 泄漏电流测试

泄漏电流指的是接入工频运行电压后流过 MOA 芯体的电流，当 MOA 绝缘状况不良、电阻片特性发生变化时，泄漏电流会增大，因此，测量运行电压下的泄漏电流是判断 MOA 状态好坏的重要手段。

如图 3－6 所示，CN92245967（申请日 1993 年 9 月 19 日）公开了一种 MOA 泄漏电流测试装置，其在测试电路中与主电流通路并联一条泄漏电流通路，在分流通路中串联一只微安表头，通过测试分流通路的小电流从而获知主电流通路的泄漏电流，其中，1 为 MOA 本体，

2 为氧化锌压敏电阻器，3 为脱扣开关、4 为脱扣器、5 为分流元件。

如图 3－7 所示，CN200920282951（申请日 2009 年 12 月 22 日）公开了一种 MOA 泄漏电流远程监测装置，其利用无线传输技术将采集的 MOA 泄漏电流数据传输至调度自动化主站，使调度监控人员能实时进行监控，实现了对 MOA 泄漏电流的实时、远程监测，可准确、有效判断 MOA 的运行状态，无须工作人员现场抄录。

CN201310401554（申请日 2013 年 12 月 11 日）公开了一种高精度 MOA 泄漏电流监测方法，其基于可变栅栏谐波分析技术，获取 MOA 泄漏电流的基波幅值、相角，根据泄漏电流的基波幅值、相角以较为准确地的方法对 MOA 性能进行判别。

CN201610703041（申请日 2016 年 8 月

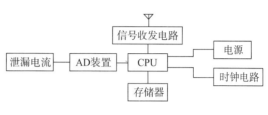

图 3－7　CN200920282951
避雷器测试原理

23 日）公开了一种 MOA 泄漏电流的监测方法，其选取与电流测量装置测量的泄漏电流同相的相电压作为参考信号，通过比较参考信号和被测信号的相位差计算泄漏电流，能灵敏地发现 MOA 的早期老化。

2. 绝缘电阻测试

绝缘电阻和泄漏电流均是表征 MOA 是否发生故障的重要指标，绝缘电阻测量一般是在较低电压下用兆欧表直接对 MOA 的绝缘电阻进行测量。

如图 3－8 所示，CN201110009234（申请日 2011 年 6 月 8 日）公开了一种 MOA 绝缘电阻的不停电测试方法，其将 MOA 与计数器断开，将 2500V 兆欧表的 L 线接至上、下节 MOA 的连接处，电流通过上节 MOA 阀片流入大地，2500V 兆欧表的读数即为上节 MOA 的绝缘电阻，然后将 2500V 兆欧表的 E 线与下节 MOA 的下端连接，电流通过下节 MOA 阀片，2500V 兆欧表指示的读数即为下节 MOA 的绝缘电阻。

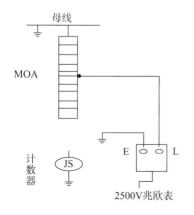

图 3－8　CN201110009234 避雷器测试原理

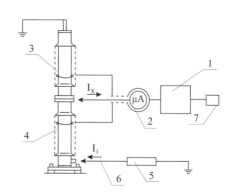

图 3－9　CN201410176766 避雷器测试原理

如图 3－9 所示，CN201410176766（申请日 2014 年 7 月 2 日）公开了一种 MOA 绝缘

电阻的不拆高压引线测试方法，其将 MOA 上节接地，下节 MOA 通过高阻接地，在上下节之间施加直流高压，可以通过将下节高阻接入和短接的方式，分别测量上下节 MOA，较 CN102087315A（申请日 2011 年 6 月 8 日）记载的测试方法，该方法只使用一种试验接线就能分别测量上下节 MOA，更进一步提高了测试效率。

如图 3－10 所示，CN201420606903（申请日 2014 年 10 月 20 日）公开了一种可应用于两节以上组合式 MOA 绝缘电阻的不拆高压引线测试方法，其测量第一节和底座绝缘电阻时，因接入兆欧表屏蔽 G 端，分支电流被屏蔽不流过测量机构、第二节绝缘电阻，测量的是第一节与第二节的并联电阻。

3. 放电次数测试

为了监测运行中的 MOA 工作是否正常，通常采用放电计数器与 MOA 配套使用，通过对 MOA 动作次数的记录对 MOA 的性能进行监测。

如图 3－11 所示，CN90214978（申请日 1990 年 9 月 28 日）公开了一种双功能放电计数器，在 JS－8 型放电计数器的基础上，在桥式整流器前串接一压敏电阻，同时采用具有高阻特性的氧化锌作为阀片，可对运行中的 MOA 进行检测，无须专门的监测仪，也不必串接于电路上测量，大大减小了现场测量的危险性，由于在运行中测试时只需将三用表两表笔分别与 A、B 两点并联即可获得准确的结果，因此无须停电检测。

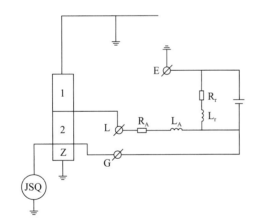

图 3－10　CN201420606903 避雷器测试原理

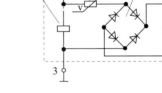

图 3－11　CN90214978 避雷器测试原理

如图 3－12 所示，CN201220698490（申请日 2012 年 12 月 17 日）公开了一种 MOA 在线监测装置，通过光电隔离电路、信号调整、高速 A/D 采样模块、信号处理模块对采集的信号进行处理，以提高对放电次数监测的准确度，进而提高 MOA 性能测试精度。

如图 3－13 所示，CN201611122083（申请日 2016 年 12 月 8 日）公开了一种 MOA 的在线监测系统，其通过动作电流的数据来记录 MOA 的放电次数，利用无源监测器进行实时采集，数据每天回传一次。

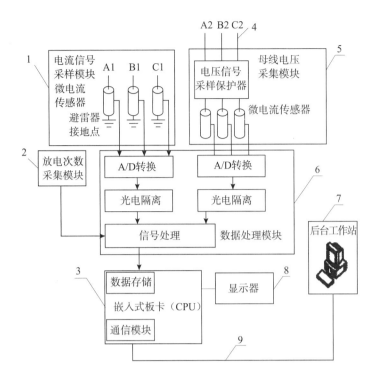

图 3-12　CN201220698490 避雷器测试原理

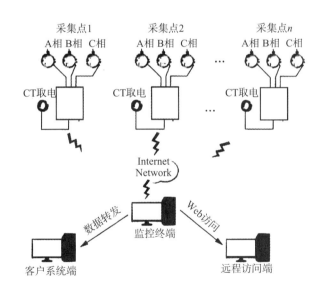

图 3-13　CN201611122083 避雷器测试原理

4. 红外图像测试

当 MOA 遭受多次连击时，在用作 MOA 电阻器的氧化锌元件上会累积热量，一旦热量累积到一定程度，即使雷击电流较小，MOA 也会发生故障，因此，利用红外热像测试手段能够实现在线检测 MOA。

如图 3 - 14 所示，JPH8306511(申请日 1995 年 5 月 11 日）公开了一种 MOA 测试方法，红外线照相机拍摄的元件的图像被输入到放电容量估计计算装置的图像输入部分，通过温度分布计算部分对每 1mm 网点执行图像数据的温度的计算，并且获得元件的每点的温度，并通过监测到的温度实现对 MOA 的测试。

CN201410039228(申请日 2014 年 1 月 27 日）公开了一种 MOA 测试方法，用红外热成像仪对 MOA 进行检测，如果红外检测图谱显示 MOA 发热，则对 MOA 进行分析，必要时进行停电诊断性试验，确定缺陷类型及部位，进行消缺。

5. 内部缺陷测试

由于超声波在介质中传播的过程中，会发生衰减和散射，超声波在异种介质的界面上将产生反射、折射和波型转换，因此可使用超声波对 MOA 进行内部缺陷测试。

如图 3 - 15 所示，CN201120519190(申请日 2011 年 12 月 13 日）公开了一种基于超声波检测的 MOA 检测装置，其使用超声波发射装置向 MOA 发出超声检测波，超声波接收装置接收由 MOA 返回的超声返回波，超声波接收装置与微处理器相连接，微处理器接收到超声返回波后，与超声检测波进行比较和分析，由于超声检测波是固定且准确的，当接收到的超声返回波发生异常时，微处理器发出报警信号，该报警信号通过通信模块发出，最终传送至调度中心，调度中心的工作人员看到该报警信息后，可及时更换故障避雷器。

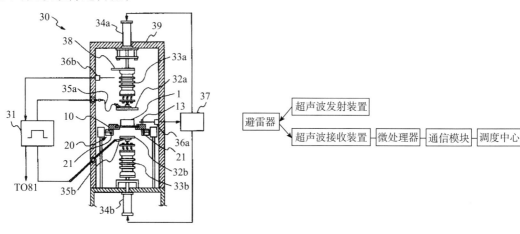

图 3 - 14　JPH8306511 避雷器测试原理　　　图 3 - 15　CN201120519190 避雷器测试原理

（三）MOA 测试技术分支综合分析

通过对 MOA 测试各技术分支的重点专利进行分析，形成了如图 3 - 16 所示的技术特点图。通过分析可知，对泄漏电流的测试首先是直接在 MOA 本体上串接电流测试仪器进行测试，然而其测试精度低，因此，分流法应运而生；随着无线通信的发展，为了提高测试效率，又逐渐将无线通信技术应用到泄漏电流的测试中，此后，为了能预先获取MOA 的早期老化情况，又从数据的运算处理上进一步提高测试结果的精准度，例如，提

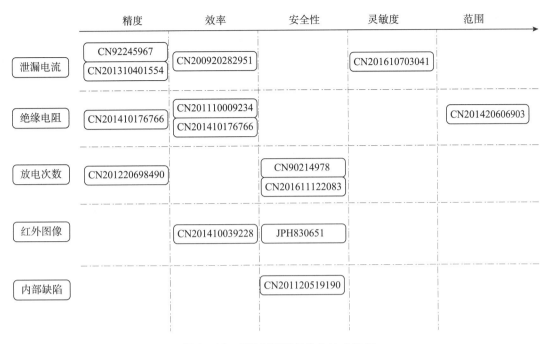

图 3 – 16 MOA 测试各分支技术特点

取泄漏电流的基波幅值、相角等参数作为判断 MOA 性能状态的判据等。在绝缘电阻测试中，为了提高测试效率，"不拆线"测试方法成为主要测试方法。而直接通过放电次数监测仪器采集的数据并不能准确对 MOA 的性能进行评估，因此目前对放电次数监测仪器采集的数据进行数据分析和后处理。采用热成像技术对 MOA 进行红外图像测试，主要是对 MOA 发热情况进行监测，目前仅是使用红外热成像仪拍摄 MOA 红外热图像信息，然后结合其他测试手段再对 MOA 进行测试。使用超声波进行内部缺陷测试实际是建立在超声探伤技术之上，利用接收到的从缺陷界面反射回来的反射波，以达到探测 MOA 缺陷的目的，该方法目前仅限于对 MOA 本体结构的缺陷进行测试，即超声波测试仅能在 MOA 出现缺陷/故障后检测到该缺陷/故障，不能通过实时获知 MOA 在运行中的参数信息以对 MOA 发生的故障进行预判，因此应用并不广泛。

针对 MOA 测试各分支占比如图 3 – 17 所示。针对泄漏电流的测试占绝大部分，针对放电次数的测试次之，再次是针对绝缘电阻的测试，热成像测试和超声波测试目前的专利申请量最少。MOA 测试的各方法都有其弊端，例如，泄漏电流测试法需要在高压测试环境下进行测试，在测试过程中有一定的危险；绝缘电阻测试法间接对 MOA 进行测试，测试精度不及泄漏电流测试法；放电次数测试法和红外热像测试法检测不准确，误差率高；而超声波

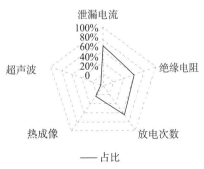

图 3 – 17 MOA 测试各分支
专利申请占比

测试法则是近几年新出现的对 MOA 进行测试的方法。因此，目前对 MOA 的测试主要是将两种或两种以上的方法结合起来，同时进行多参数的监测以提高测试的精度、效率、灵敏度、安全性、范围等。

四、MOA 与智能化的交互

（一）MOA 与智能化的相关专利申请概况

由前文可知，在 MOA 研究之初，针对 MOA 的测试便应运而生，从最初的人工测试，到之后的电子测试，以及之后的远程监控，都是人类在 MOA 科学研究上的巨大进步。为了能够实时对 MOA 的运行状况进行监测，世界各地的研发人员先后进行了不同的尝试，在 MOA 本体内嵌监测模块，实现了智能型 MOA 的产生，相应地，集避雷、监测于一体的智能化概念也体现在应用于传统电网以及智能电网的 MOA 中。

20 世纪七八十年代开始，国外的大公司已经陆续开始申请关于集成测试芯片于 MOA 体内的专利，例如，美国西屋电气公司的专利申请 US19820450584A、法国 SOULE FORME JURIDIQUE SA 的专利申请 FR9115913A、日本三菱电机株式会社的专利申请 JP8822899A 等，均是在 MOA 本体内置计数器等检测器件以实现状态指示，而在该领域的专利申请中，中国也不甘落后，从 MOA 发展至今也陆续申请了相关专利，特别是在 2006 年之后，专利申请量骤增。图 4－1 显示了在该领域申请量较多的中国与日本的申请量发展趋势。

由图 4－1 中可知，中国与日本相同，均是在 20 世纪 70 年代中期进行了相关申请。在之后的 30 年，日本专利申请量较中国专利申请量略高且数量稳定，在 20 世纪 90 年代中期达到了一个小高峰。在 2006 年之后，中国的专利申请量迅速增长，在 2012 年达到巅峰，此后呈波动变化。其中一部分原因在于"智能电网"概念的提出，也有一部分原因在于中国对于智能电网的推广和应用，这两种原因引发了研究人员对于 MOA 与智能化交互的重视。

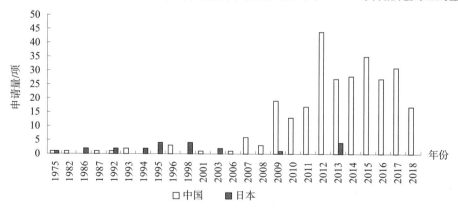

图 4－1　MOA 与智能化中日专利申请量发展趋势

（二）MOA 与智能化的专利技术分析

近年来 MOA 与智能化交互的专利申请绝大多数为中国专利申请，以下对近年来

MOA 与智能化交互的专利申请进行相关分析。

  如图 4 - 2 所示，CN200420026150（申请日 2004 年 4 月 12 日）公开了一种 MOA 远方在线智能检测仪，其由多路现场在线切换装置将多个 MOA 的采样信号集中处理后再经公用的传输电缆送到控制室的智能监测主机巡回检测，在无人值班时通过远传通信口传输到更远处有人值班的主控制室。该申请结构合理、电缆精简、使用方便。

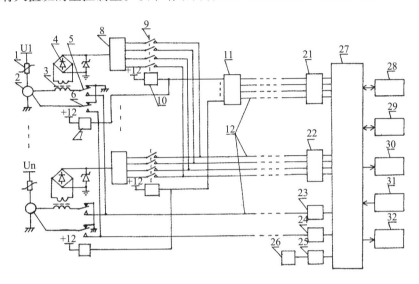

图 4 - 2 CN200420026150 避雷器智能监测原理

  如图 4 - 3 所示，CN200910022830（申请日 2009 年 6 月 4 日）公开了一种 MOA 在线监测装置，其将 MOA 的动作次数、泄漏电流等参数通过采集板远传给监测中心，进行分析处理和故障报警。

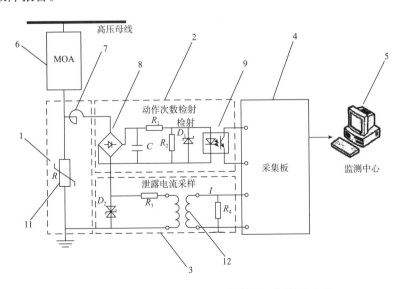

图 4 - 3 CN200910022830 避雷器智能监测原理

如图4-4所示，CN200920086680（申请日2009年6月19日）公开了一种智能化MOA，其在MOA的内部设防暴环氧管，在上端或下端设有密封圈和压力阀并与指示器连接，在MOA外部装设检测仪与指示器连接，对MOA进行监测，同时实现双重防暴与监测功能，提高可靠性。

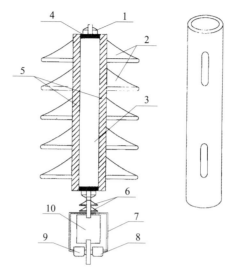

图4-4　CN200920086680避雷器智能监测原理

如图4-5所示，CN201220044628（申请日2012年2月11日）公开了一种MOA在线监测系统，其通过GSM网络、人工巡检和现场总线三个端口分别同与其相适应的MOA单元相连接，实现了对MOA泄漏电流实时不间断的智能监控。

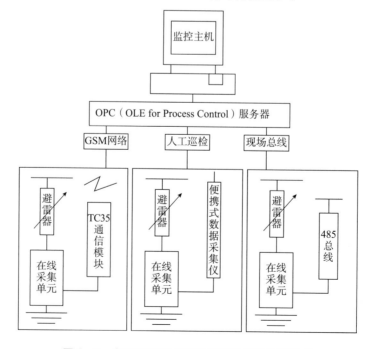

图4-5　CN201220044628避雷器智能监测原理

如图 4-6 所示，CN201210079565（申请日 2012 年 3 月 22 日）公开了一种用于检测 MOA 阻性电流的便携式监测装置，其利用获取的 MOA 全电流和通过其他装置获取的与 MOA 全电流同步的 MOA 三相电压的瞬时相位，通过微处理器计算出 MOA 阻性电流，无须在 CVT 二次侧接线。

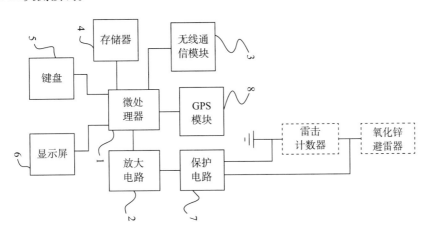

图 4-6　CN201210079565 避雷器智能监测原理

如图 4-7 所示，CN201310290629（申请日 2014 年 3 月 12 日）公开了一种 MOA 在线监测仪，其包括多台电压隔离取样器和避雷器智能监测器，两者通过无线通信模块传输数据，并由报警装置和/或显示屏进行报警显示，具有及时准确、安全可靠、自动化程度高等优点。

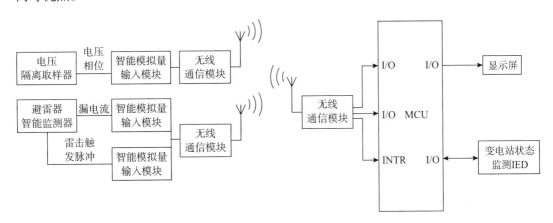

图 4-7　CN201310290629 避雷器智能监测原理

如图 4-8 所示，CN201410605070（申请日 2014 年 11 月 3 日）公开了一种低成本智能型中压类复合绝缘外套 MOA，其将常规复合绝缘外套 MOA 和智能监测模块实现低成本、一体化封装，智能化监测模块将 MOA 泄漏电流的能量收集并存储起来作为主要电源，监测 MOA 泄漏电流、3 次谐波电流、动作次数、管芯温度等状态参数，并通过无线信道发送出去，成本低且可靠性高。

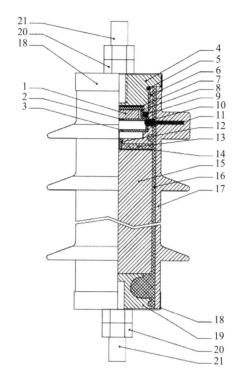

图4-8　CN201410605070 避雷器智能监测原理

如图4-9所示，CN201420668228（申请日2014年11月11日）公开了一种输电线路无间隙 MOA 智能远程在线监测装置，其采用传感器模块感应信号、信号传输模块传输信号给移动终端模块以进行显示，具有监测方便的优点。

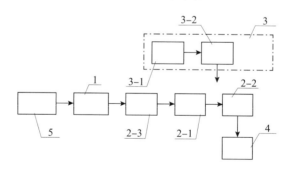

图4-9　CN201420668228 避雷器智能监测原理

如图4-10所示，CN201510069062（申请日2015年5月20日）公开了一种 MOA 测试仪智能感应装置，其将微型打印机、充电插座、测量接地端、电源开关、触摸键盘、大屏幕液晶显示器和输入端均安装在主机上，测量 MOA 的全电流、阻性电流、谐波、工频参考电压、谐波、有功功率和相位差，采用数字波形分析技术使测量结果准确稳定。

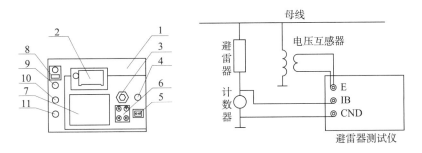

图 4－10　CN201510069062 避雷器智能监测原理

如图 4－11 所示，CN201511005097（申请日 2015 年 12 月 29 日）公开了一种一体化 MOA 在线监测装置，其针对无间隙 MOA，将机械式 MOA 监测装置与电子式 MOA 监测装置串联一体化再与电阻片并联，能在线监测 MOA 全电流、阻性电流、动作次数及动作发生的时间等参数，并具有本地机械电流表、计数表显示、远程通信等功能，适用于各电压等级 MOA 的在线监测。

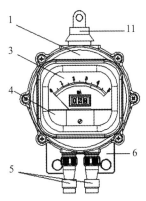

图 4－11　CN201511005097

避雷器智能监测原理

如图 4－12 所示，CN201620213957（申请日 2016 年 3 月 18 日）公开了一种金属氧化物压敏电阻阻性漏电流在线检测器和智能金属氧化物压敏电阻避雷器，其将金属氧化物压敏电

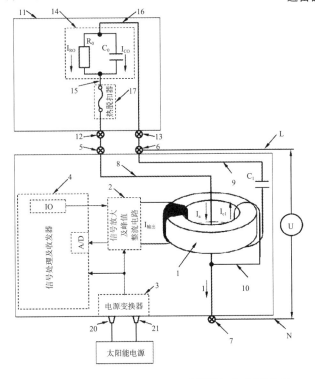

图 4－12　CN201620213957 避雷器智能监测原理

阻、热脱扣器、电流传感器、补偿电容、信号放大及峰值整流电路、电源变换器、信号处理及收发器等器件集成到同一个绝缘材料壳体中，构成一种带有故障自诊断功能的 MOA。

如图 4 – 13 所示，CN201710700092（申请日 2017 年 8 月 16 日）公开了一种基于无线同步采样技术的 MOA 阻性电流在线监测方法，其包括电流信号采集装置、电压信号采集装置、手持设备终端、数据采集装置、RS485 总线及综合状态监测单元，其中，手持设备终端自带操作键盘、显示屏和通信接口，方便试验人员操作、观察和上传数据与波形等，实现存储数据显示和查询功能。

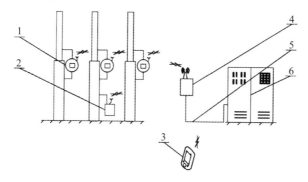

图 4 – 13　CN201710700092 避雷器智能监测原理

如图 4 – 14 所示，CN201721389125（申请日 2017 年 10 月 23 日）公开了一种 MOA 带电测试装置，其包括手持测试仪和电压采集单元，手持测试仪内封装信号接收单元、智能控制单元、数据处理与存储单元、数据显示单元等，能够对电压采集单元所采集的信号进行接收、处理、分析、存储和显示，提高了测试效率。

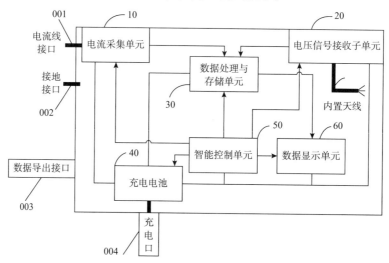

图 4 – 14　CN201721389125 避雷器智能监测原理

如图 4 – 15 所示，CN201721632995（申请日 2017 年 11 月 30 日）公开了一种便携式三相智能 MOA 测试仪，其包括与无线接收主机信号连接的发射器和无线 PT 同步信号采集装置，通过各仪器之间卡接配合，有效减小存放空间，方便携带、安全可靠。

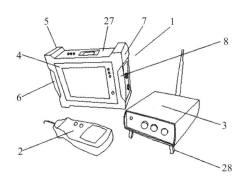

图4－15　CN201721632995 避雷器智能监测原理

（三）MOA 与智能化交互技术分析

图4－16 演示了 MOA 与智能化交互的技术演进。在 MOA 与智能化交互技术的进展中，初期是将 MOA 与测试器件仅进行简单的叠加，例如，在 MOA 本体置入计数器芯片以实现避雷计数指示；中期随着集成电路的迅速发展而将可以测试泄漏电流等参数的集成芯片嵌入 MOA 本体实现多参数状态指示；较后期又随着无线通信技术的发展而将 MOA 本体内嵌入的测试器件所获取的数据通过无线通信发送至远程主站，进而实现了远程监测与操控；最后发展到目前的 MOA 本体内的集成器件与便携手持式终端交互通信，进而实现了随时随地的监控。纵观整个发展过程，MOA 的避雷效果更稳定，针对 MOA 的监测参数更完善，MOA 整体更小型化，监测终端的类型更多样化。MOA 与智能化的交互愈加成熟和深入预示着传统 MOA 正一步一步地走向智能化 MOA，也进一步推动了智能电网在监测控制领域的发展。

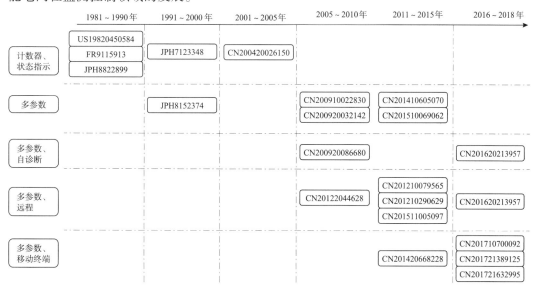

图4－16　MOA 与智能化交互的技术演进

五、总结及展望

本文根据 MOA 发展历程的研究重点，对 MOA 本体结构、针对 MOA 的测试以及 MOA 与智能化交互的重点专利进行了分析。由前文分析可知，目前应用于电网输配线路的 MOA 本体依然沿用传统结构，即无间隙 MOA、串联间隙 MOA 和并联间隙 MOA。而每种 MOA 都有其相应的优缺点，进而在应用方面会受自身结构所限制，目前针对 MOA 本体结构的研究主要是弱化缺点式的改进，以提高 MOA 的防护性、绝缘性、耐老化性、防爆性等。针对 MOA 的检测参数主要包括泄漏电流、绝缘电阻、放电次数三类，对红外图像与内部缺陷测试的专利申请较少，由于仅通过某一种参数进行 MOA 运行状态的判断结果不够可靠，随着集成电路的迅速发展，内嵌于 MOA 本体上的器件结构越来越小但功能越来越完善，因此目前一般会针对 MOA 的多样参数进行监测，以完善 MOA 运行状态的监测。

为了完善传统型 MOA，除了在 MOA 本体结构上进行优化改进之外，最广泛的是在 MOA 本体中嵌入用以指示 MOA 性能状态的器件以完成监测，这也是 MOA 与智能化交互的体现。初期是在 MOA 本体内嵌入计数器以对避雷次数进行指示，之后发展到将用于测试 MOA 泄漏电流、绝缘电阻等电参数的集成芯片嵌入 MOA 以实时监测 MOA 的运行状态，再发展到近年来通过无线通信技术将 MOA 的运行状态参数通过无线传输到监控主站实现远程监控，最后发展到通过无线通信技术传输到所需移动终端实现随时随地监控，整个发展历程都体现了 MOA 与智能化交互的逐渐成熟化和深入化。

目前看来，今后 MOA 的发展趋势是小型化、高压化、标准化、智能化。随着电网的智能化，MOA 的智能化将是主要趋势。MOA 与智能化的交互中，通过计算机远程对避雷器的运行状况进行监控是最基本的功能。目前，对 MOA 测试方法的显著特点是各厂家使用的硬件越来越接近，而越来越多的功能通过软件来实现，软件的可靠性很大程度上决定了测试本身的可靠性，因此，在完善 MOA 本体的同时，应当重点关注 MOA 测试过程中信号传输链和信号处理终端对于数据的传输和分析处理的精确度、实时性等技术问题，以获取更加精确可靠的测试结果。除此之外，通过对 MOA 的监测结果进行远程控制以实现避雷器自动脱扣、故障避雷器的终止等，也是未来的重点发展趋势。如此通过对 MOA 本体、MOA 测试、信号传输链、信号处理终端、信号反馈控制的闭环策略，可以进一步完善 MOA 的避雷防护能力以及 MOA 本身的自我防护性能，进而推动智能电网在监控领域的进一步发展。

参考文献

［1］林福昌．高电压工程［M］．3 版．北京：中国电力出版社，2016：2.

［2］刘文，杨慧霞，祝斌．智能电网技术标准体系研究综述［J］．电力系统保护与控制，2012，40（10）：120－126.

［3］郑健，张国庆，田悦新，等．氧化锌避雷器泄漏电流在线监测技术综述［J］．继电器，2000，28（9）：7－9.

［4］刘兵，毛慧明．金属氧化物避雷器带电检测方法综述［J］．高压电技术，2000，26（3）：15，18.

用于智能电网的绝缘栅双极型晶体管专利技术综述[*]

陈琼　赵伟[**]　周婷婷[**]　王瑾香[**]　朱丽娜[**]

摘　要　本文对绝缘栅双极型晶体管（Insulated Gate Bipolar Transistor，IGBT）在智能电网中的应用进行相关专利技术分析，从申请趋势、区域分布、主要申请人、重点技术等多个角度进行深入挖掘，梳理出 IGBT 在智能电网中的应用领域的发展现状及趋势，为我国相关产业的研发和产业化提供建议。

关键词　绝缘栅双极型晶体管　IGBT　智能电网　专利分析

一、概述

绝缘栅双极型晶体管（Insulated Gate Bipolar Transistor，IGBT）是双极型晶体管（Bipolar Junction Transistor，BJT）和金属氧化物半导体场效应晶体管（Metal – Oxide – Semiconductor Field – Effect Transistor，MOSFET）组成的复合全控型电压驱动式功率半导体器件，具有电压控制、输入阻抗大、驱动功率小、控制电路简单、开关损耗小、通断速度快和工作频率高等优点，是电机控制、新能源、高铁、智能电网、电动汽车等民用领域必不可少的功率"芯脏"。IGBT 在航空、航天等军事领域也得到了广泛的应用，具有广阔的市场前景。

（一）绝缘栅双极型晶体管发展现状

从 1980 年美国 RCA 公司首先成功研制 IGBT 器件以来，经过 30 多年的发展，IGBT 器件的制造技术随着表面栅结构、硅芯片的垂直结构以及硅片的加工工艺的演变，目前已经发展到了第七代。IGBT 结构的不断优化使得 IGBT 具有更高的电流密度、更小的沟道电阻和更高的耐压。

从市场竞争格局来看，美国功率器件处于世界领先地位，欧洲的多家半导体大企业具有较强的实力，日本的功率器件厂商较多，而国内 IGBT 的技术基础相对薄弱。国内的

---

[*]　作者单位：国家知识产权局专利局专利审查协作天津中心。

[**]　等同第一作者。

中高端 IGBT 器件主要依赖于进口，基本被欧、美、日企业所垄断。IGBT 核心技术均掌握在发达国家企业手中，形成了较高的专利壁垒。然而，这并不影响各个领域对于 IGBT 器件应用的需求。IGBT 兼具 BJT 和 MOSFET 优点的优势广受人们青睐，尤其是在大力发展智能电网的"东风"下，又掀起了 IGBT 应用的一股热潮。

（二）智能电网的发展现状

智能电网被称作是电网"高速公路"。美国作为智能电网概念最早的提出者，在其能源部发布的"2030 电网"远景规划中描绘了智能电网的愿景：人们无论何时何地都可以得到充足、廉价、清洁、高效和可靠的电力供应，得到最好和最安全的电力服务。我国明确到 2020 年初步建成安全可靠、开放兼容、双向互动、高效经济、清洁环保的智能电网体系。

发展智能电网将推动能源开发、能源配置以及能源消费方式的变革。目前，世界各国都在大力发展智能电网，根据自身的国情制订发展计划，从发电、输电、储能和配电等方面进行研究，积极推动智能电网体系架构的建设。

（三）IGBT 在智能电网中的应用前景

智能电网是在传统电力系统的基础上，通过集成新能源材料和先进技术形成的新一代电力系统，可提供安全可靠、高效经济和环境友好的电力，具有高度信息化和自动化等特征。当前，我国电力领域的科学技术水平已实现飞跃式的发展，电力设备对可关断器件的要求不断提升，促进了 IGBT 器件在电力领域的广泛应用。

IGBT 是超高压直流输变电技术、特高压交流输电技术的核心元器件，主要应用于储能逆变器、风能逆变器、光伏逆变器、充电桩逆变器、柔性直流换流阀、柔性交流输电装置、电能质量治理装置等。IGBT 作为自动控制和功率变换的核心部件，被称为电力电子行业里的"CPU"。

基于 IGBT 在智能电网中应用的重要性和广泛性，有必要对其进行专利技术分析，促进研发和产业化发展进程。

（四）研究方法

本文对用于智能电网的 IGBT 专利申请进行了检索和筛选，检索截至 2018 年 7 月 31 日。通过在德温特世界专利索引数据库（DWPI）和中国专利数据库（CNABS）中进行检索和数据的筛选合并，得到用于智能电网的 IGBT 全球专利文献 3259 项，其中包括中国专利文献 2837 件。

主要检索过程由初步检索、全面检索和去除噪声三个阶段构成。表 1 为据此构建的 IGBT 在智能电网中的应用的检索信息表，通过关键词和分类号在中文数据库和外文数据库进行检索。

表 1　检索信息表

关键词		绝缘栅双极晶体管、绝缘栅双极型晶体管、绝缘栅型双极晶体管、隔离栅型双极晶体管、绝缘栅型双极功率管、隔离栅双极晶体管、隔离栅双极型晶体管、绝缘栅双极功率管、绝缘栅双极型功率管、电压源、储能、光伏、太阳能、风能、风力、风机、双馈、直驱、换流、变流、逆变、换流、变换、变频、柔性直流、直流输电、柔直、电能质量治理、有源滤波、无功发生、电能质量调节、动态电压恢复、配电不间断电源、同步补偿、无功补偿、充电桩、充电站、切换开关、智能功率模块、智能功率模组、智能功率单元、LIGBT?、IGBT?、insulate? gate bipolar transistor?、insulated‐gate bipolar transistor?、HVDC、HV‐DC、High voltage direct current、APF、active power flow、static var generator、SVG、STATCOM、DFIG、IPM、intelligent power module、photovoltaic、PV、solar、wind、inverter、converter、power quality、power management、modular multilevel converter、MMC、reactive power compensation、charger、grid、smartgrid、smart‐grid、smart grid
分类号	IPC	H01L 21、H01L 29、H02J 1、H02J 3、H02J 3/16、H02J 3/18、H02J 7
	CPC	H01L 29/0696、H01L 29/1095、H01L 29/66325、H01L 29/66333、H01L 29/6634、H01L 29/66348、H01L 29/7395、H01L 29/7393、H01L 29/7394、H01L 29/7396、H01L 29/7397、H01L 29/7398

二、用于智能电网的 IGBT 全球专利技术状况

智能电网，也被称为"电网 2.0"。以 IGBT 为代表的可关断半导体功率器件的大力发展，推动了智能电网技术的革新。下面将从申请趋势、目标国家以及申请人分布等方面对用于智能电网的 IGBT 全球专利申请进行分析。

（一）专利申请趋势

图 1 示出了用于智能电网的 IGBT 专利申请趋势。1990 年，全球首个专利申请是 ABB 公司提出的，公开号为 WO9205624A1，其将 IGBT 用于逆变器。从图 1 中展示的全球专利申请趋势中可以看出，IGBT 在智能电网中的应用在 2007 年以前年申请量较少，这个阶段也是智能电网概念孕育诞生的阶段，因此申请量较少。随着 IGBT 结构的不断优化以及智能电网概念的明确和推广，IGBT 在智能电网中应用的申请量不断增加，至 2015 年达到峰值，年申请量达到 418 项。由于发明专利申请通常是在申请日起 18 个月后公开，2017～2018 年的部分申请还没有被公开，导致其数据不够准确。

中国和全球的专利申请趋势大致相同，在 2007 年前该技术处于萌芽状态，申请量很少；2007 年后进入快速发展期，这得益于 IGBT 技术在我国的迅速发展以及智能电网技术的普遍应用，使申请量显著提高。可以看出，虽然中国用于智能电网的 IGBT 起步相对较晚，但发展迅速，这与各国智能电网的发展重点有很大关系。欧、美、日等国家或地区在 IGBT 器件上掌握了领先技术，但其智能电网的发展侧重于电网的智能性以及可再生

能源的开发和利用；而中国在发展智能电网中主要关注的是输电领域以及特高压电网的发展。IGBT 器件基于其高压、低损耗等特点，能够应用于长距离高压输电，这促使我国用于智能电网的 IGBT 技术的迅猛发展。

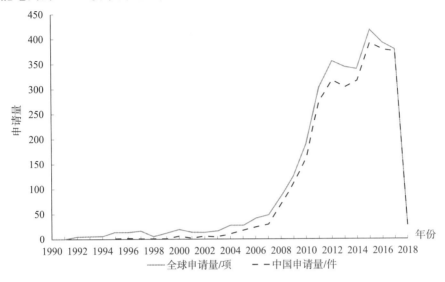

图 1　用于智能电网的 IGBT 专利申请趋势

（二）专利申请目标国家/地区分布

图 2 显示了用于智能电网的 IGBT 全球专利申请目标国家/地区分布，其在一定程度上反映了 IGBT 在智能电网中的应用技术在市场上的分布情况。由于中国申请人在本国的申请量非常大，导致目标国家中占比较高，这也反映出中国智能电网领域发展迅速。美国所占的比重次之，日本、欧洲和韩国也是专利布局的主要国家和地区。

（三）申请人分析

图 3 为全球和中国用于智能电网的 IGBT 专利申请排名前十位的申请人。从中可以看出，在全球申请人排名前十位的申请人中，中国申请人最多，占有 7 席，表明中国对于用于智能电网的 IGBT 的发展的重视。国家电网以 399 项申请居首位，其次是南方电网。国家电网是该领域极为重要的申请人，公司经营区域覆盖中国国土面积的 88% 以上，拥有众多的子公司，是全球相关领域的龙头企业。日本的富士、三菱分别以 58 项和 39 项居第三和第九位；瑞士的 ABB 排名第八位。富士、三菱和 ABB 都是全球 IGBT 器件的主要供应商，这在一定程度上有利于它们在 IGBT 应用于智能电网的技术上的发展。

中国申请人排名前十位中，除了国家电网、南方电网和荣信电力电子股份有限公司（以下简称"荣信电力

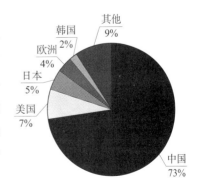

图 2　用于智能电网的 IGBT 全球专利申请目标国家/地区分布

电子"），另外 7 个席位均被高校占据，可见用于智能电网的 IGBT 技术依然处在热门研发阶段，产业化的发展空间仍很大。

申请量/项	全球	中国	申请量/件
399	国家电网	国家电网	399
86	南方电网	南方电网	86
58	富士	上海交通大学	52
52	上海交通大学	湖南大学	46
46	湖南大学	荣信电力电子	45
45	荣信电力电子	华北电力大学	41
41	华北电力大学	天津理工大学	38
39	ABB	东南大学	33
39	三菱	浙江大学	33
38	天津理工大学	河海大学	32

图 3　用于智能电网的 IGBT 全球和中国前十位专利申请人

图 4 为全球用于智能电网的 IGBT 主要专利申请人的主要专利布局。从图中可以看出，全球排名前十位的申请人当中，除了 ABB 公司的布局相对均衡外，其他申请人均优先本土布局，尤其是南方电网、上海交通大学、湖南大学、荣信电力电子、华北电力大学以及天津理工大学，均只在中国进行专利布局。作为该行业领军者的国家电网，也主要在中国布局，只有个别专利申请在欧洲和美国进行布局。日本的富士和三菱，相对于中国申请人，较重视海外市场。ABB 公司在欧洲、美国和中国的专利申请数量相当，可见其对美国和中国市场的重视。中国申请人重视国内市场是与中国用于智能电网的 IGBT 技术发展的需求的增长一致的。中国侧重特高压智能电网输电，对开关器件提出了较高的要求，IGBT 器件能够满足智能电网的应用需求，因此发展迅速。国外发展智能电网更多关注于配电领域，对开关器件的要求相对低一些，这可能是中国申请人不重视国外市场的主要原因。

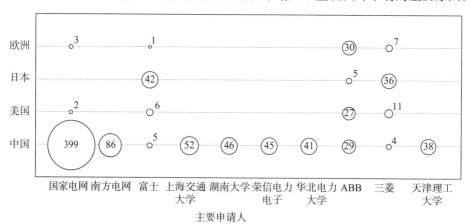

图 4　全球用于智能电网的 IGBT 主要专利申请人的主要专利布局

注：图中数字表示申请量，单位为件。

三、用于智能电网的 IGBT 中国专利技术状况

基于对用于智能电网的 IGBT 全球专利申请的分析不难看出，在该领域中国发展迅速

且优势明显。2010年至今，中国在该领域的专利申请量占据全球专利申请量的90%以上，且该技术在中国的发展趋势与全球相同，可见用于智能电网的IGBT技术主要聚焦在中国。下面将从申请类型、法律状态、主要申请人分布以及技术分布等方面对IGBT在智能电网中应用的中国专利申请进行具体分析。

（一）整体状况

1. 申请类型和法律状态

用于智能电网的IGBT中国专利申请人主要是国内申请人，国外来华申请人占了较小的比例。表2示出了我国国内申请人和国外来华申请人的应用于智能电网的IGBT专利申请类型及法律状态情况。可以看出，应用于智能电网的IGBT技术专利申请中，国内申请发明占59%，实用新型占41%，二者并没有较大的悬殊，而国外来华申请中实用新型仅占不到5%。国内申请在该领域没有PCT申请，发明申请的有效件数低于失效件数，实用新型的有效件数高于失效件数；而国外申请人的PCT申请占60%以上，发明申请的有效件数为失效件数的两倍多，说明国内申请人在该领域的专利申请质量有待进一步提高。

表2　用于智能电网的IGBT专利申请类型及法律状态　　　单位：件

法律状态	国外来华			国内		
	发明（非PCT）	发明（PCT）	实用新型	发明（非PCT）	发明（PCT）	实用新型
在审	8	4	0	547	0	0
失效	11	17	0	537	0	361
有效	24	39	5	476	0	808
总计	43	60	5	1560	0	1169

2. 国外来华申请来源国分析

图5显示了国外来华申请来源国分布情况。可以看出瑞士申请量最多，占32%，其中ABB公司贡献了较多的申请量，该公司不仅在电网领域的综合实力位于世界前列，且IGBT器件也是其主要产品之一；国外来华申请量排名第二位的是美国，占22%，主要是来自通用电气公司的申请；德国排在第三位，占12%；排名紧随其后的是一些比较发达的国家，包括英国、日本、韩国、丹麦；除以上各国外的其他国家占据的份额很小，总计只有10%。

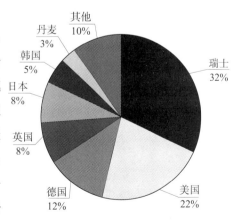

图5　用于智能电网的IGBT国外来华申请来源国分布

3. 国内各省市专利申请分布

图 6 显示了国内各省市应用于智能电网的 IGBT 技术的专利申请情况。申请量最大的是北京，占 17%；其次是江苏，占 14%；排名第三为上海，占 10%。排名靠前的省市大部分都是中国经济发展迅速的区域，具有全国范围内相对更优的资金、人才和资源情况，有利于前沿科技的发展。

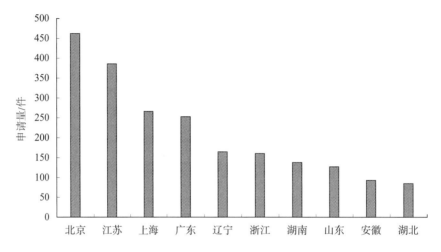

图 6　国内主要省份用于智能电网的 IGBT 专利申请分布

4. 申请人分析

图 7 显示了申请人的类型分布情况。应用于智能电网的 IGBT 技术，以企业申请为主，说明我国在用于智能电网的 IGBT 领域产业化程度已较高。高校申请占比 25%，可见该技术还在不断研发创新，有较大发展空间。个人申请较少，这主要是因为对用于智能电网的 IGBT 的研发投入要求较大。合作申请占 7%，多为企业与高校之间的合作，这种合作有利于高校将最新研发的新技术应用于产业中，有助于产学研一体化，并帮助企业提高科研能力和创新水平。

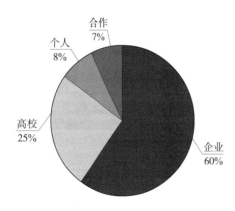

图 7　用于智能电网的 IGBT 中国
专利申请人类型

（二）重要技术分支中国专利申请现状

在智能电网中，IGBT 主要应用于储能逆变器、柔性直流换流阀、柔性交流输电装置、电能质量治理装置、光伏逆变器、风能变流器、充电桩逆变器、功率模块等。图 8 为不同技术分支的占比情况，其中电能质量治理装置的占比最高，为 42%，柔性直流换流阀、风能变流器、光伏逆变器、储能逆变器的占比较为均匀，为 11%～15%。

1. 各技术分支的专利申请趋势

图 9 示出了图 8 中的五个主要技术分支的中国

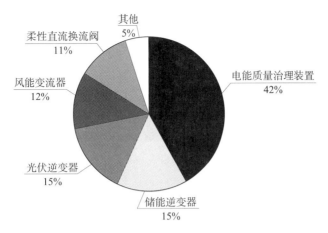

图8 用于智能电网的 IGBT 中国专利申请不同技术分支占比

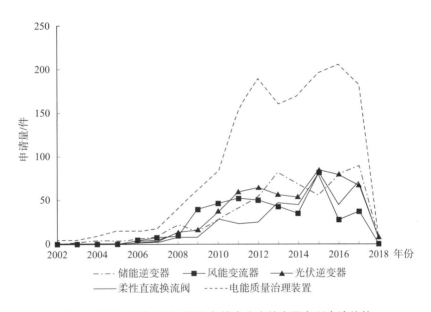

图9 用于智能电网的 IGBT 各技术分支的中国专利申请趋势

专利申请趋势。从该图中可以看出，五个技术分支的发展趋势与整体趋势相类似。五个分支中，电能质量治理装置的年申请量一直处于领先地位，储能逆变器、风能变流器、光伏逆变器和柔性直流换流阀的申请量年度变化基本相同，一直在稳步增长。

2. 国内主要省份在各技术分支专利申请情况

图10 示出了总申请量排名前六位的国内省市在各技术分支的专利申请情况。整体来看，北京的申请量最大，相关产业较其他省市发展较快，这与国家电网总公司及其部分子公司、华北电力大学等均设立在北京密切相关。北京的相关专利申请有电能质量治理装置 245 件、柔性直流换流阀 102 件、风能变流器 70 件以及储能逆变器 119 件，在这四个分支的申请量均在各省市中排名第一。在光伏逆变器分支，江苏申请量第一，为 104 件。江苏的主要申请人包括

苏州苏宝新能源科技有限公司、无锡联动太阳能科技有限公司、盐城工学院以及东南大学。企业和高校对于专利重视程度的加大，提高了所在地区的专利申请总量。

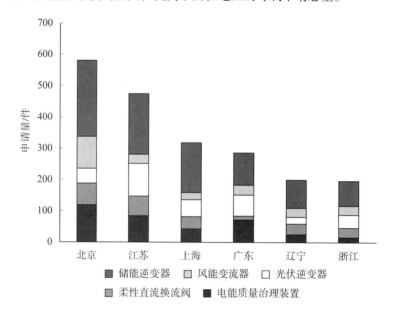

图10　主要省市在用于智能电网的 IGBT 各技术分支的专利申请情况

上海、辽宁、浙江在五个分支的申请量占自身总量的比重与全国的总体趋势相类似——电能质量治理装置所占的比重最高，剩下四个分支所占比重较为均匀。广东的光伏逆变器和储能逆变器的专利申请所占比重明显高于柔性直流换流阀和风能变流器的，且电能质量治理装置与光伏逆变器、储能逆变器所占比重并没有明显的差异，可见广东在光伏逆变器和储能逆变器上的发展相对更为突出。

3. 各技术分支不同发展阶段专利申请量占比

图11 为不同分支在不同发展阶段的申请量占比。从图中可以看出，电能质量治理装置的申请量占比逐渐下降，其他分支的申请量逐渐上升，申请人更加重视在各个分支的专利全面布局。IGBT 在新能源发电输电——如风能、光伏发电输电领域中的应用逐渐增加，这与我国近些年对于清洁能源的大力发展以及政府的政策支持有关。

4. 重要申请人在各技术分支的专利申请分布

图12 显示了重要申请人在不同分支的申请量对比情况。排名前五位的申请人在电能质量治理装置分支的申请量均大于其他四个分支，可见该分支为各重要申请人的主要研究方向。国家电网在储能逆变器和柔性直流换流阀两个分支的申请量相当，均为96 件。对于除电能质量治理装置之外的四个分支，国家电网和南方电网在储能逆变器和柔性直流换流阀这两个分支的申请量明显多于风能变流器和光伏逆变器的申请量，而上海交通大学、湖南大学以及荣信电力电子在这四个分支的申请量则相对较为均匀。

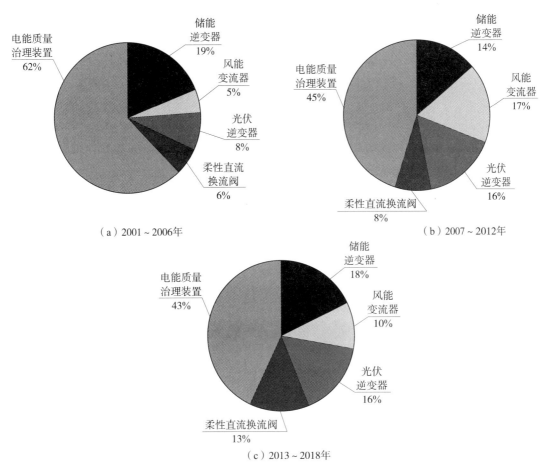

（a）2001~2006年 （b）2007~2012年

（c）2013~2018年

图 11　用于智能电网的 IGBT 各技术分支在不同发展阶段的占比

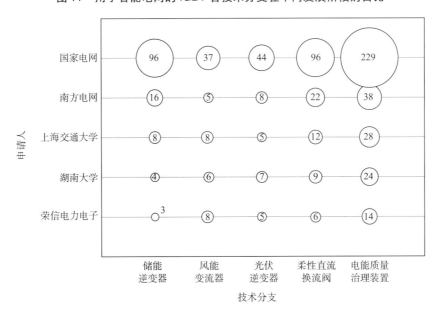

图 12　用于智能电网的 IGBT 中国专利主要申请人的技术分布

注：图中数字表示申请量，单位为件。

四、重点专利技术

通过对用于智能电网的 IGBT 各重要技术分支的国内外专利进行筛选，得到多项重点专利。图 13 为 IGBT 重点专利技术演进图。从核心技术的来源国看，大多来自中国，说明对于智能电网的 IGBT 技术主要集中在中国。从核心专利分布的时间来看，大部分重点专利分布在 2007 年以后，这与图 1 中示出的该技术的发展趋势是相吻合的。从 2007 年开始，随着智能电网的发展，用于智能电网的 IGBT 技术的专利申请量得到了快速增长，申请人开始有意识地进行专利布局，抢占市场。

下面将从光伏逆变器、风能变流器、储能逆变器、柔性直流换流阀和电能质量治理装置五个方面来具体介绍技术的发展以及相关核心专利。

（一）光伏逆变器

基于 IGBT 的光伏逆变器作为并网型光伏系统能量转换与控制的核心，将太阳能发电板所输出的直流电转换成符合电网要求的交流电，随后再输入到电网中。例如，2000 年出现了一种太阳能扬水与照明综合应用系统，该系统中逆变器由三相全桥式 IGBT 电路所组成，控制信号从 IGBT 控制端输入，当六个 IGBT 按一定顺序开关时，输出端子输出三相电到电机来驱动电机旋转，从而进一步实现太阳能扬水，详细内容记载在清华大学申请号 CN00103055 的专利申请中。

常规逆变器在使用中通过设置死区的方法来避免上下桥臂同时导通，该方法输出电流谐波增大，且实际使用中存在因为各种复杂的电磁干扰而导致上下直通的问题。为解决这种问题，基于 IGBT 的并网逆变装置在 2007 年被提出，其在太阳能电池与逆变网络之间设置 Z 源阻抗网络，能够提高系统变换效率，改善器件工作环境和电能变换质量，提高系统使用寿命，具体内容可查阅申请号为 CN200710023006 的专利申请。

随着太阳能光伏发电并网应用越来越多，对光伏发电逆变器测试和评估的系统需求就越为迫切，于是 2010 年便出现了分布式光伏电源并网逆变器测试装置。专利申请 CN201020243068 记载了这样的测试装置，其在光伏模拟直流电源和电网特性模拟电源的主电路中采用基于 IGBT 的三相全控整流桥，能够实现输出直流电压 0～700V 可调，模拟出光伏电池在各个工况下的输出。

为了消除寄生电容形成的回路中所产生的共模电路，可采用 IGBT 作为控制开关，通过数字信号处理器实现控制电路，抑制共模电流的产生。2011 年的专利申请 CN201110272759 介绍了用于光伏并网系统的逆变器，在负载电流正半周期，使第一桥臂单元的下管开通、上管关断；在负载电流的负半周期，使第一桥臂单元的上管开通、下管关断，抑制了共模电流。2016 年出现了基于多个 IGBT 形成的单相逆变器拓扑结构，其可以保证共模电压恒定，具有良好的共模特性，详情参见专利申请 CN201610022646。

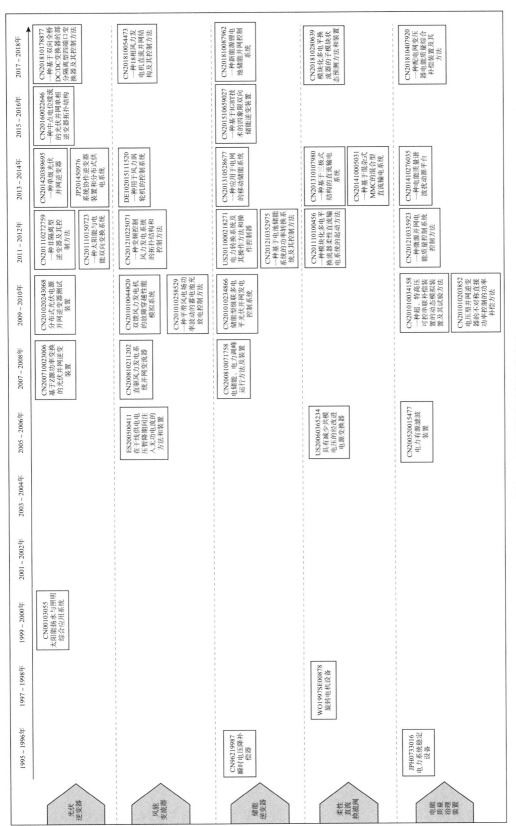

图13　IGBT技术重点专利演进

随着发展的继续，人们更加追求能做到在高效率的前提下实现并网、离网、储能充电、无功补偿等功能的一体化。2011 年集成了上述各种功能的一体化的太阳能与电能双向变换系统出现，其逆变器单元采用基于 IGBT 的三相全桥逆变电路，工作时由升压单元连接交流电网，引入电网交流信号或将逆变产生的电压并入电网供给负载。专利申请 CN201110150723 公开了这种双向变换系统。为了进一步提高光伏并网逆变器的工作效率，2014 年的专利申请 CN201420389695 提供一种单级光伏并网逆变器，其旁路元件采用高压 IGBT，增加了发电量。日立在 2014 年提出了一种基于 IGBT 的分布式光伏供电系统，申请号为 JP201450976，减少了通过能量源和地面之间产生的地电容流过的同相电流和高频噪声。传统多端口变换器的端口没有隔离，能量单向流动，使用场合和电压等级受限制，基于此，2018 年的专利申请 CN201810178877 提供了一种基于 IGBT 的双向全桥 DC/DC 变换器的部分隔离型四端口变换器及其控制方法，微网中只需要实现直流母线和直流电源之间的隔离，各电源之间无须隔离，在保证可靠性的前提下降低了成本。

（二）风能变流器

变流器是风电机组的核心部件之一。我国风电机组的主流机型大都采用三相 690V 或 690V 左右的电网，其中主要的功率变换器件即为 IGBT 半导体器件。双馈机型的变流器采用双向四象限 IGBT 变流器，直驱/半直驱风电机组中部分机组发电机侧变流器采用 IG-BT 全控整流器，网侧变流器则采用 IGBT 全控逆变器。

2005 年，西班牙申请人提出了一种用于风力发电厂的无功电流注入装置，该装置中在从风力发电厂到电网的连接上的中压开关，每一相上都具有 IGBT 器件的逆变器，当电路检测到电压暂降时，能够在每个时间间隔从电网取得必要的有功功率供给电容器，向电网上注入无功功率，相关专利申请的申请号是 ES200500411。2010 年的专利申请 CN201010258529 提供了一种平滑风电场功率波动的蓄电池充放电控制方法，采用基于 PWM 控制技术的 IGBT 组成的三相桥式电路，减少变流器的无功损耗，平滑了风电场输出功率的波动，实现风力发电控制。

为满足多种不同的应用需求，2007 年出现了直驱风力发电系统并网变流器，通过基于 IGBT 的变流器单元的不同组合和控制方式，设计了二极管整流模式和脉冲宽度调制（Pulse Width Modulation，PWM）整流模式两种类型的变流器装置，并分别给出了应用于中小功率和兆瓦级大功率两种不同容量等级的风力发电机组的变流器拓扑，详细内容记载在申请号为 CN200710023006 的专利申请中。为实现电网故障情况下双馈风力发电机动态性能模拟以及电网扰动时风机运行性能的模拟，2010 年，双馈风力发电机的故障穿越性能模拟系统被提出，其模拟器主电路包含基于 IGBT 的变频器，可调节发电机转速以实现最大风能跟踪及变速恒频并网——专利申请 CN201010044820 公开了这样的系统。风力发电系统的应用环境复杂多变，为适应不同情况，2012 年的专利申请 CN201210225071

提供了一种变频控制风力发电系统的拓扑结构，采用基于 IGBT 的双 PWM 变频器，实现了根据不同的功率段控制变频器在逆变并网与静止无功发生器模式之间进行切换运行，可靠性高。ABB 公司于 2014 年提出的专利申请 DE102015111520 提供了一种用于风力涡轮机的控制系统，控制系统中包括 IGBT 器件，实现了对阵风的反应性的改进。基于传统风力发电技术的不足，2018 年的专利申请 CN201810054473 提出了一种基于 IGBT 的 18 相风力发电机直流并网结构，降低了发电机定子绕组的电压等级，提高了系统稳定性，降低了发电厂建设成本。

（三）储能逆变器

基于 IGBT 器件的储能逆变器在放电时将电池产生的直流电转换成交流电，而在充电时将电网电压转换成直流电压，储能逆变器能够为电网和电池之间提供电气接口。

采用基于 IGBT 器件的储能逆变器，可避免电力系统产生故障问题。比如，为消除持续时间在毫秒量级的瞬时电压降，可采用储能电容和基于 IGBT 的逆变电路。1996 年的专利申请 CN96219987 介绍了这种瞬时电压降补偿器；为减少功率转换器的损坏，可采用基于 IGBT 的升压转换器、能量存储器和控制器，从而可逐渐调整总线上的电压以达到减少功率转换器损坏的目的，详见 2011 年美国通用电气公司的专利申请 US2011000218271；为避免电力系统中电池储能系统的过度充电或过度放电，需要相应的功率转换系统及相应的控制器，通过采用 IGBT 模块控制双向 DC/DC 变换器，双向 DC/DC 变换器与网侧变流器的共用直流母线并联，从而避免过充过放现象，详见专利申请 CN201210352975。

现有技术存在一般用户不能直接使用机械物理储能技术的缺陷。2008 年有了采用 IGBT 模块作为变换器功率模块的电储能装置，能够实现局部区域用户重要用电设备在短时间内的应急供电，详细内容可查阅申请号为 CN200810071758 的专利申请。随后，在 2010 年出现了能够实现无变压器并网的储能型级联多电平光伏并网发电控制系统，采用级联多电平逆变器，每一个储能型光伏发电模块包括由四只 IGBT 连接成的 H 桥逆变器，能够消除由于光伏电池串联时局部阴影导致的功率损失和热斑问题，实现无变压器并网，详见专利申请 CN201010234866。随着新能源大规模接入和微电网大规模发展，储能系统成为现代电力系统不可或缺的重要组成部分。2013 年的专利申请 CN201310628627 采用 IGBT 作为并网开关，设计了移动储能系统，实现 100kW 大容量电池为电网充放电的功能。2015 年，针对电网用户对风光储能系统并网稳定性和对双向逆变功能需求的不断升级，专利申请 CN201510659027 提出了一种可受控的、基于 IGBT 技术的四象限双向储能逆变装置，采用目前国际领先的 IGBT 技术，提高了输出电能质量。由于传统的电力电子控制系统基本以集中式控制模式为主，控制系统与底层硬件的相互依赖性较大，且灵活性和扩展性较差，2018 年专利申请 CN201810087962 提供一种锂电池储能并网控制系统，采用分层控制策略，在功率层中设置 IGBT 驱动模块和 IGBT 故障模块，实现充电和放电双重功能。

（四）柔性直流换流阀

由于 IGBT 技术的迅速发展，对直流输电技术的发展起到良好的促进作用，以 IGBT 为基础的柔性直流输电技术出现。柔性直流输电技术应用广泛，例如在分布式发电并网、可再生能源并网、孤岛供电、大型城市电网供电等方面。

1997 年，ABB 公司提出的专利申请 WO1997SE00878 提供了一种高压直流的无变压器发电设备，采用 IGBT 作为变换器的构成器件，将机械能变换为直流电，或者将直流电变换为机械能。为解决电动机共模电压的问题，2007 年出现的共模电压的电源变换器，采用 IGBT 作为逆变器部分的多个开关器件，将电源变换器的输入和输出端彼此耦合以将与变换器的输入端相关联的接地点连接到负载，详见专利申请 US20060365234。2011 年，人们通过对开关、断路器和换流器等进行控制，保证子模块电压和直流电压达到额定值，并通过制定合适的控制策略抑制充电过程中产生的冲击电流，其中换流器的各桥臂中的子模块包括电容和 IGBT，详细内容记载在专利申请 CN201110100456 中。

随着输电需求的多样化发展，基于 IGBT 器件的柔性直流输电系统出现了一些新的拓扑结构。2013 年的专利申请 CN201310107980 采用分别由钳位双子模块和全桥子模块级联构成的换流器进行交直流变换，换流器基本元件为 IGBT。对于混合型直流输电系统，2014 年的专利申请 CN201410005031 中的整流换流站采用晶闸管换流器，逆变换流站的模块化多电平换流器的每个桥臂均由半桥子模块和全桥子模块混合级联构成并串接桥臂电抗器，半桥子模块由两个 IGBT 管和电容构成，实现有、无功功率解耦控制，能向无源网络供电，防止换相失败。

随着使用模块化多电平换流器技术的柔性直流技术的广泛应用，对其进行故障状态预测的需求越来越高。2018 年的专利申请 CN201810280639 利用 IGBT 器件的触发命令作为子模块的触发命令，依据一段时间内各个子模块的投切次数进行故障状态预测，子模块的故障可能性随其投切次数的增加而提高。

（五）电能质量治理装置

基于 IGBT 器件的电力电子装置，不断地在电能质量控制手段上提供新的方式，如可将 IGBT 器件用于静止无功发生器、有源滤波器、静止无功补偿器、统一电能质量调节器、动态电压恢复器、配电不间断电源等。

作为在该技术分支的较早的应用，1995 年，日立的专利申请 JPH07333016 通过使用 IGBT 作为半导体开关，采用控制电路保证两个调节电路中各晶闸管的导通角满足其互补关系，使电力系统稳定。

由于电网设备在产生大量的无功功率的同时也引起了电网波形的畸变，2005 年专利申请 CN200520015477 将装置的主从模块控制改为完全独立的并联模块，IGBT 主电路产生的跟踪电流与谐波电流和无功电流相抵消，实现了较好的滤波性能。为了实现对超、特高压可控串联补偿装置的动态模拟，2010 年的专利申请 CN201010034158 提供一种金属氧化物变阻器模拟装置，其用 IGBT 做的逆变器来模拟，可以完成对不同电压等级、不同基本补偿度的可控串联补偿装置的动态模拟。2010 年专利申请 CN201010203852 将 IG-BT 开关用于消除有功或无功功率的波动。为了解决固态限流器的能耗问题，2012 年的专利申请 CN201210335923 中的统一电能质量控制器由基于 IGBT 的串联型有源电力滤波器和并联型有源电力滤波器串联组成，将光伏发电装置与电能质量治理装置结合。

近些年，随着治理谐波来提高电网设备在谐波条件下的运行稳定性需求的提高，2014 年，人们采用由 IGBT 器件以及与其反并联的二极管组成 PWM 整流器和 PWM 逆变器，并进一步构成电能质量扰动发生器，用于输出标准谐波，模拟电网暂降、波动、三相不平衡等电能质量问题，详见专利申请 CN201410276035。

传统电能质量治理设备一般是单独解决特定电能质量问题，如解决无功补偿问题或者单独解决谐波问题。2018 年出现了配电网电压器电能质量综合补偿装置，在配电变压器高压侧或低压侧安装全功率变流器和隔离串联变压器，逆变器输出电压的给定值经过 PWM 调节之后直接控制变换器的 IGBT 实现了闭环控制，详情可查阅专利申请 CN201810407920。

五、结论

（一）技术发展现状

通过对 IGBT 在智能电网中的应用的全球和中国专利申请分析，笔者对于当前 IGBT 在智能电网中的应用的发展态势有了宏观认识。

1. IGBT 在智能电网中应用广泛，全球申请前景广阔，中国遥遥领先

IGBT 作为新型电力电子器件的典型代表，在智能电网的相关设备中起着至关重要的作用。用于智能电网的 IGBT 全球专利申请主要集中在中国，这得益于智能电网输电技术在中国的迅速发展。用于智能电网的 IGBT 中国专利申请从 2007 年开始进入快速发展期，申请量显著提高，2015 年的申请量已接近 400 项。中国申请人较为重视应用于智能电网的 IGBT 专利技术的本国布局，相关申请量占比高达 96%，然而这些申请中没有发明 PCT 申请，显示出海外布局的缺乏。

2. 国家电网独占鳌头，高校研发较多

国家电网申请量非常突出，紧随其后的是南方电网。国家电网和南方电网是我国两大电网公司，在智能电网领域的相关技术研发具有绝对的优势。全球申请人排名中，日本的富士、三菱以及瑞士的 ABB 公司进入前十，这与这些公司都是 IGBT 器件的主要供

应商有很大关系。中国排名前十位的申请人中，高校占据 7 个席位，其中以上海交通大学、湖南大学、华北电力大学等为代表，均为我国电力领域的研发能力较为突出的高校。

3. 北京申请量最高，电能质量治理装置为重点研发分支

北京在电能质量治理装置、柔性直流换流阀、风能变流器以及储能逆变器这四个分支的申请量均在各省市中排名第一，江苏省在光伏逆变器分支申请量排名第一。排名前五位的申请人在电能质量治理装置分支的申请量均大于其他四个分支，可见该分支为各重要申请人的主要研究方向。

4. IGBT 在智能电网各分支中的应用趋于均衡化

随着智能电网以及 IGBT 技术的发展，IGBT 在智能电网各个环节的应用也越来越广泛，申请人更加重视在各个分支的全面布局，占比最高的电能质量治理装置的专利申请量在逐渐降低，与此同时，重心逐渐向新能源发电，如风能发电、光伏发电领域中 IGBT 的应用倾斜，逐渐趋于均衡化。

（二）发展建议

根据中国的发展现状，对 IGBT 在智能电网中的应用技术提出以下建议：

1. 提高核心专利数量，对重点专利及时进行海外布局

虽然国内申请量快速增长，但是实用新型所占比重较大，同时国内的发明专利申请中的 PCT 申请数量极少。建议国内相关各方应投入主要精力从 IGBT 结构和工艺出发进行改进和自主创新，扩展 IGBT 在智能电网中应用的新空间，提高相关核心专利数量，重视对国外市场的占领，加强专利的全球布局。

2. 加强企业与企业、企业与高校科研院所之间的合作，形成产、学、研联动格局，促进产业化不断走向深入

用于智能电网的 IGBT 方面的技术的专利申请人中，企业占据 60%、高校占据 25%、合作申请占 7%。企业研发针对性较强，能够准确把握市场需求，但不同企业的发展侧重点不同，企业的研发能力也仍然需要进一步提升。可以加强企业与企业之间、企业与高校之间的合作，有效利用不同企业的优势，利用高校的创新研究成果，及时将科研成果产业化，实现优势互补，达到共赢。

3. 以应用为导向，推进 IGBT 技术的发展，同时扩展 IGBT 应用领域，促进本土化 IGBT 产业链的完善

随着智能电网结构的快速发展，对晶体管的要求也越来越高，IGBT 得到了越来越广泛的应用，同时，智能电网相关设备领域也对 IGBT 的性能提出了越来越高的要求，因此，应以应用需求为导向，进一步推进 IGBT 技术的发展，带动 IGBT 器件结构的进一步完善。随着 IGBT 技术的发展，其优势也会更加凸显，从而有利于将其应用在更多的电力系统中，实现智能电网的快速发展。

参考文献

［1］ 张斌. 高压 IGBT 的研究与实现及功率器件可靠性研究 ［D］. 杭州：浙江大学，2013.

［2］ 车晓璐，等. 绝缘栅双极晶体管（IGBT）专利技术综述 ［J］. 审查业务通讯，2013，19（4）：11－22.

［3］ 叶利剑，等. IGBT 技术发展综述 ［J］. 半导体技术，2008（11）：937－940，951.

［4］ Baliga B J. The future of power semiconductor device technology ［J］. Proceedings of the IEEE，2001，89（6）：822－832.

［5］ 张金平，李泽宏，任敏，等. 绝缘栅双极型晶体管的研究进展 ［J］. 中国电子科学研究院学报，2014，9（2）：111－119.

［6］ 亢宝位. IGBT 发展概述 ［J］. 电力电子，2006（5）：11－15.

［7］ Jiang H，Zhang B，Chen W，et al. Low turnoff lossreverse－conducting IGBT with double n－p－n electron extraction paths ［J］. Electronics Letters，2012，48（8）：316－317.

［8］ Jiang H，Zhang B，Chen W. et al. A snapback suppressed reverse－conducting IGBT with a floating p－region in trench collector ［J］. IEEE Electron Device Letters，2012，33（3）：417－419.

［9］ 李碧姗，等. IGBT 结构设计发展与展望 ［J］. 电子与封装，2018，18（2）：1－8，45.

［10］ United States Department of Energy Office of Electric Transmission and Distribution. "GRID 2030" A National Vision for Electricity's Second 100 Years ［EB/OL］. ［2003－07－31］. https://www. energy. gov/oe/downloads/grid－2030－national－vision－electricity－s－second－100－years.

［11］ 国家发展改革委，国家能源局. 国家发展改革委国家能源局关于促进智能电网发展的指导意见 ［EB/OL］. ［2015－07－06］. http://www. ndrc. gov. cn/gzdt/201507/t20150706_736625. html.

［12］ 李晓平，刘江，赵莆，等. 逆导型 IGBT 的发展及其在智能电网中的应用 ［J］. 智能电网，2017，5（1）：1－8.

［13］ 金锐，于坤山，等. IGBT 器件的发展现状以及在智能电网中的应用 ［J］. 智能电网，2013，1（2）：11－16.

［14］ Chou W. Choose your IGBTs correctly for solar inverter applications ［J］. Power Electronics，2008（8）：20－23.

［15］ 赵增海，徐强，周尚彬. 国内外智能电网技术的研究进展 ［J］. 科技风，2015（21）：83.

智能变电站噪声治理专利技术综述[*]

兰东升　　王蒙[**]　黄莉[**]　李宏英[**]

摘　要　随着我国智能电网建设的快速发展，人们对于环境质量要求的逐渐增高，变电站运行过程中的噪声污染受到了广泛关注。为了满足城市用电需要，越来越多的变电站不得不选址在城市人员密集区域附近，但变电站运行过程中产生的噪声严重破坏变电站附近的环境质量，威胁周边居民的身心健康。变电站噪声治理包含噪声评价和噪声防治两方面，噪声评价是噪声防治的前提，也是噪声防治成功与否的衡量手段。本文从专利文献的视角对变电站噪声治理技术的发展进行了梳理分析，总结了与该技术有关的专利申请趋势、专利区域分析、主要申请人分析以及技术活跃度情况，介绍了变电站噪声治理技术的重点技术分支和发展历程，并绘制各技术分支的发展路线图，为企业在该领域的技术研发和专利布局提供参考，也帮助审查员在审查实践中利用技术综述快速定位并找出最相关现有技术。

关键词　变电站　噪声评价　噪声防治　专利

一、概述

随着我国城市化进程的快速发展及人民生活水平的提高，城区用电负荷增长迅猛。但城市用地资源的紧缺，加剧了变电站选址的难度，越来越多的变电站布点深入城市中心，造成部分变电站与居民区的距离较近。由于距离居民区更近，影响人群更广，城市变电站的噪声污染问题成为公众关心、媒体关注的热点问题，特别是夏季用电高峰期间，变电站的负荷率都很高，噪声更大，导致近年来由于噪声引起的居民对变电站的投诉有逐年上升的趋势。因此，如何在加快电网建设、保证优质可靠电力供应的同时，对变电站的噪声进行治理，做好环境保护工作，已成为有关部门和电力企业的工作重点之一。

变电站的噪声主要有设备本体噪声和辅助设备噪声，其中，辅助设备的噪声主要来

---

　*　作者单位：国家知识产权局专利局专利审查协作广东中心。

　**　等同第一作者。

自冷却风机、油泵运行时以及连接部位转动时的振动产生的噪声；而本体噪声主要来自变压器运行时，铁心硅钢片的磁致伸缩产生的噪声，该噪声通过油箱传递给外界，属于低频噪声，可轻易穿透障碍物，传播距离远，是变电站噪声的主要控制对象。变电站的噪声治理过程主要涉及变电站的噪声评价技术和噪声防治技术[1~3]。

变电站噪声评价主要包含噪声检测和噪声评估两个方面。噪声检测包括检测器材、检测点布置以及噪声源定位等方面。在声学测量中，传统的方法是测量声压，但这种方法易受环境噪声的影响，对测量环境有一定的要求。1991 年，美国的 R. P. Kindi 等提出了一种被称为"声强测量法"的噪声测量法[4]。采用这种新方法，变压器噪声的测量可以不必在专门的测试室中进行，其能够对真实负载条件下实际运行的变压器进行噪声测量，从而可避免用标准法在现场测量的噪声值与出厂时测量值的不一致的现象，使用户能够辨别出是正常的运行噪声还是非正常的故障噪声。对于噪声评估，目前国内外最常用的方法是采用 A 计权网络声级法（L_A 评价法），其评价方法主要是对 20 ~ 20000Hz 频率的声音进行 A 网络计权后求得的总声压级来进行评价[5]。L_A 评价法的测量结果与人耳对噪声响度的主观感受近似一致。然而该方法对 500Hz 以下的声音有一定程度的衰减，且无法直观反映某一噪声的频谱特性，致使 L_A 在评价 500Hz 以下的噪声（如变电站噪声）时，其噪声评价量与人耳的主观感受不一致。20 世纪 50 年代，美国科学家 Beranek 提出了用于评价噪声人体主观感受的 NC(Noise Criteria) 评价曲线。其首先测定待评价噪声的倍频带声压级，然后将噪声各个频带的声压级与评价曲线中的纵坐标值进行比较，得出各频带所对应的 NC 号数，其中最大的 NC 号即为此噪声的评价值。除 NC 噪声评价曲线外，还有 RC(Room Criteria) 噪声评价曲线，该曲线是 Blazier 通过研究 200 余种噪声数据总结得出的。通过不断完善，RC 曲线被美国采暖、通风与空调工程师学会推荐为声环境设计的依据，其使用方法与 NC 曲线一致[6]。在噪声评价曲线方法上，欧洲主要使用 NR(Noise Rating) 法，其使用方法与 NC 曲线相类似，且该方法被国际标准化组织（ISO）采用，使其在美国以外的地区得到了广泛应用。

根据变电站噪声的产生原因，变电站的噪声一般从噪声源、传播途径以及接受者三个角度进行防治，主要包括消声、隔振、吸声和隔声四种技术。隔振技术主要是从噪声源的角度，通过减少噪声源的振动及其传导，进而减少噪声，包括直接减少变压器本体振动的器身隔振技术和采用如弹簧隔振器、橡胶隔振器、海绵隔振器等隔振器材来减少变压器对外传导振动的基础隔振技术。消声技术包括采用消音器消声和有源消声的方法，主要用于减少噪声源的噪声。消声器既能让气流通过又能降低噪声，因此可对房间的进出通风口采用消声器来减小变电站室内声源及风机噪声向室外的传播。消声器根据消声原理的不同可分为阻性、抗性和排气放空等类型。有源消声技术由 H. F. 奥尔森于 1947

年首次提出[7]，它是一种利用电子线路和扩声设备产生与噪声的相位相反的声音来抵消原有的噪声而达到降噪目的的技术。有源消声技术不仅在理论上有很高的消声量，而且体积小，便于设计和控制，在城市变电站中具有广阔的应用前景。吸声技术是利用声波通过媒质或入射到媒质分界面上时声能的减少来降低噪声的方法，主要是利用吸声材料和吸声结构来减少噪声。吸声材料多是多孔材料，如超细玻璃棉、矿渣棉、岩棉、毛毡、吸声砖等。而吸声结构可以弥补多孔材料在低频吸声方面的不足。常用的吸声结构还有薄板吸声结构、薄膜吸声结构、穿孔板吸声结构和微穿孔板吸声结构等。隔声技术是通过材料、构件或结构来隔绝空气传播噪声的方法，主要用于减少噪音传播。隔声技术可分为封闭式和敞开式，其中封闭式隔声装置包括隔声罩、隔声箱等，敞开式隔声装置包括隔声屏、隔声墙等。

二、数据库选择及检索

（一）检索数据

本文的专利文献数据采用国家知识产权局专利检索与服务系统（Patent Search and Service System，以下简称"S系统"），主要使用S系统的中国专利文摘数据库（CNABS数据库）和德温特世界专利索引数据库（DWPI数据库），其中，CNABS数据库检索数据的国别范围是中国专利申请，DWPI数据库检索数据的国别范围是全球专利申请。检索日期截至2018年6月，由于2018年的专利申请数据统计不完整，当年的数据并不具备参考价值，因而后续的专利分析中仅分析2017年以前的专利申请数据。

（二）技术分支

本文直接检索最相关、可直接采用或者可直接借鉴的技术，即涉及变电站噪声治理方面的相关专利技术。针对变电站噪声治理技术进行技术分解，技术分支如表1所示。

（三）检索过程

检索过程的主要思路是在限定领域的情况下，以二级技术分支涉及的分类号和关键词进行检索，考虑到存在技术交叉的情况，各二级技术分支的检索结果会最终进行数据合并，在此基础上进行数据清洗，以便于技术标引。检索过程中，可能会出现DWPI数据库检索到的专利申请数少于CNABS数据库的情况，这主要有两方面的原因：一部分原因在于DWPI数据库会对其中具有多篇同族专利申请的专利文献作为一条检索记录显示，故而在检索数据量上会存在一定程度的压缩；另一部分原因在于，本次检索首先将噪声治理技术的应用领域限定在变电站范围内，以求可以找到最相关、可直接采用或者可直接借鉴的技术，而国外申请主要针对一般噪声的评价及防治，对于变电站应用场景下噪声评价及防治技术的专利申请量相对较少。

表 1　变电站噪声治理领域技术分支

领域	一级分支	二级分支	分类号及关键词
变电站噪声治理	噪声评价	噪声检测	G06F19/00、G01R29/26、G01H 噪声、噪音、检、测、noise、detect +、test +、measur +、inspect +
		噪声评估	G06F19/00、G01R29/26、G01H 噪声、噪音、评、估、计、定位、识别、鉴别、分离、提取、判、evaluat +、estimat +、comput +、position +、locat +、identif +、separat +、pick +、judg +、calculat +
	噪声防治	吸声	E04B1/84、E04B1/86、G10K11/00 吸声、吸音、sound 1w absorb +、noise – absorbing、sound – absorption
		隔声	G10K11/16、E04B1/82 隔声、隔音、隔音卷帘门、声罩、声屏、声板、隔音墙、soundproof +、sound　1w　insulat +
		消声	G10K11/178、G10K11/175 消声、消音、有源降噪、抵消、降噪、去噪、silencing、silencer、silenc +
		隔振	隔震、隔振、减震、减振、防震、防振、vibration w isolation、shock 1w absorb +、damp +

　　对于涉及"变电站噪声评价"的相关专利申请，首先使用关键词进行表达，然后再与变电站相关的关键词和分类号分别相与后合并数据，在 CNABS 数据库共检索到 2475 件专利申请，在 DWPI 数据库共检索到 1016 件专利申请，具体检索过程如表 2 所示。

表 2　变电站噪声评价检索过程

数据库	编号	命中记录数	检索式
CNABS数据库	1	2073	（变电 or 换流 or 配电 or 变压器 or transformer? or substation?）s（噪声 or 噪音 or noise）s（检 or 测 or 评 or 估 or 计 or 定位 or 识别 or 鉴别 or 分离 or 提取 or 判 or detect + or test + or measur + or inspect + or evaluat + or estimat + or comput + or position + or locat + or identif + or separat + or pick + or judg + or calculat +）
	2	565	（/IC OR E04H5/04，H02B +，G06Q50/06）and（（噪声 or 噪音 or noise）s（检 or 测 or 评 or 估 or 计 or 定位 or 识别 or 鉴别 or 分离 or 提取 or 判 or detect + or test + or measur + or inspect + or evaluat + or estimat + or comput + or position + or locat + or identif + or separat + or pick + or judg + or calculat +））
	3	2475	1 or 2

195

续表

数据库	编号	命中记录数	检索式
D W P I 数据库	1	793	（transformer? or substation?）s noise s（detect + or test + or measur + or inspect + or evaluat + or estimat + or comput + or position + or locat + or identif + or separat + or pick + or judg + or calculat + ）
	2	256	（/IC OR E04H5/04，H02B +，G06Q50/06）and noise s（detect + or test + or measur + or inspect + or evaluat + or estimat + or comput + or position + or locat + or identif + or separat + or pick + or judg + or calculat +)）
	3	1016	1 or 2

对于涉及"变电站噪声防治"的相关专利申请，由于不同的噪声防治手段技术内容相差较大，因而针对不同的防治手段单独列出其检索过程。

检索涉及"消声"的相关专利申请，分别使用关键词和分类号表示噪声消声手段，而后与变电站的相关关键词和分类号交叉相与后合并数据，在 CNABS 数据库检索到 442 件专利申请，在 DWPI 数据库检索到 286 件专利申请。具体检索过程如表 3 所示。

表 3　消声手段检索过程

数据库	编号	命中记录数	检索式
C N A B S 数据库	4	360	（变电 or 换流 or 配电 or 变压器 or transformer? or substation?）and（（噪声 or 噪音 or noise）s（消声 or 消音 or silencing or silence））
	5	135	（/IC OR E04H5/04，H02B +，G06Q50/06）and（（噪声 or 噪音 or noise）s（消声 or 消音 or silencing or silence））
	6	42	（变电 or 换流 or 配电 or 变压器 or transformer? or substation?）and（/IC OR G10K11/178，G10K11/175）
	7	7	（/IC OR E04H5/04，H02B +，G06Q50/06）and（/IC OR G10K11/178，G10K11/175）
	8	442	4 or 5 or 6 or 7
D W P I 数据库	4	162	（transformer? or substation?）and（（noise or sound）s（silencing or silence））
	5	88	（/IC OR E04H5/04，H02B +，G06Q50/06）and（（noise or sound）s（silencing or silence））
	6	77	（transformer? or substation?）and（/IC OR G10K11/178，G10K11/175）
	7	9	（/IC OR E04H5/04，H02B +，G06Q50/06）and（/IC OR G10K11/178，G10K11/175）
	8	286	4 or 5 or 6 or 7

检索涉及"隔声"的相关专利申请，分别使用关键词和分类号表示噪声隔声手段，而后与变电站的相关关键词和分类号交叉相与后合并数据，在 CNABS 数据库检索到 657

件专利申请，在 DWPI 数据库检索到 730 件专利申请。具体检索过程如表4所示。

表4　隔声手段检索过程

数据库	编号	命中记录数	检索式
CNABS数据库	9	485	（变电 or 换流 or 配电 or 变压器 or transformer? or substation?）and （（噪声 or 噪音 or noise）s（隔声 or 隔音 or 声屏 or 声罩 or 声板 or soundproof + or（sound 1w insulat + ）））
	10	149	（/IC OR E04H5/04，H02B + ，G06Q50/06）and （（噪声 or 噪音 or noise）s（隔声 or 隔音 or 声屏 or 声罩 or 声板 or soundproof + or（sound 1w insulat + ）））
	11	220	（变电 or 换流 or 配电 or 变压器 or transformer? or substation?）and （/IC OR G10K11/16，E04B1/8 + ）
	12	46	（/IC OR E04H5/04，H02B + ，G06Q50/06）and （/IC OR G10K11/16，E04B1/8 + ）
	13	657	9 or 10 or 11 or 12
DWPI数据库	9	477	（transformer? or substation?）and （soundproof + or（sound 1w insulat + ））
	10	166	（/IC OR E04H5/04，H02B + ，G06Q50/06）and （soundproof + or（sound 1w insulat + ））
	11	245	（transformer? or substation?）and （/IC OR G10K11/16，E04B1/8 + ）
	12	48	（/IC OR E04H5/04，H02B + ，G06Q50/06）and （/IC OR G10K11/16，E04B1/8 + ）
	13	730	9 or 10 or 11 or 12

检索涉及"吸音"的相关专利申请，分别使用关键词和分类号表示噪声吸音手段，而后与变电站的相关关键词和分类号交叉相与后合并数据，在 CNABS 数据库检索到 455 件专利申请，在 DWPI 数据库检索到 572 件专利申请。具体检索过程如表5所示。

表5　吸音手段检索过程

数据库	编号	命中记录数	检索式
CNABS数据库	14	371	（变电 or 换流 or 配电 or 变压器 or transformer? or substation?）and （（噪声 or 噪音 or noise）s（吸声 or 吸音 or（sound 1w absorb + ）or（noise 1w absorb + ）））
	15	100	（/IC OR E04H5/04，H02B + ，G06Q50/06）and （（噪声 or 噪音 or noise）s（吸声 or 吸音 or（sound 1w absorb + ）or（noise 1w absorb + ）））
	16	85	（变电 or 换流 or 配电 or 变压器 or transformer? or substation?）and （/IC OR E04F17/00，E04B1/84，E04B1/86，G10K11/00）
	17	20	（/IC OR E04H5/04，H02B + ，G06Q50/06）and （/IC OR E04F17/00，E04B1/84，E04B1/86，G10K11/00）
	18	455	14 or 15 or 16 or 17

续表

数据库	编号	命中记录数	检索式
D W P I 数 据 库	14	357	（变电 or 换流 or 配电 or 变压器 or transformer? or substation?）and（（sound 1w absorb + ）or（noise 1w absorb + ））
	15	120	（/IC OR E04H5/04，H02B + ，G06Q50/06）and（（sound 1w absorb + ）or（noise 1w absorb + ））
	16	178	（transformer? or substation?）and（/IC OR E04F17/00，E04B1/84，E04B1/86，G10K11/00）
	17	33	（/IC OR E04H5/04，H02B + ，G06Q50/06）and（/IC OR E04F17/00，E04B1/84，E04B1/86，G10K11/00）
	18	572	14 or 15 or 16 or 17

检索涉及"隔振"的相关专利申请，使用关键词表达隔振手段，而后与变电站的相关关键词和分类号交叉相与后合并数据，在 CNABS 数据库检索到 1149 件专利申请，在 DWPI 数据库检索到 1961 件专利申请。具体检索过程如表 6 所示。

表 6　隔振手段检索过程

数据库	编号	命中记录数	检索式
C N A B S 数 据 库	19	1098	（变电 or 换流 or 配电 or 变压器 or transformer? or substation?）and（噪声 or 噪音 or noise）and（隔振 or 隔震 or 减震 or 减振 or 防震 or 防振 or（vibration 1w isolat + ）or（shock 1w absorb + ）or damp + ）
	20	171	（/IC OR E04H5/04，H02B + ，G06Q50/06）and（噪声 or 噪音 or noise）and（隔振 or 隔震 or 减震 or 减振 or 防震 or 防振 or（vibration 1w isolat + ）or（shock 1w absorb + ）or damp + ）
	21	1149	19 or 20
D W P I 数 据 库	19	439	（transformer? s（（vibration1w isolat + ）or（shock 1w absorb + ）or damp + ））and noise

通过将 CNABS 数据库和 DWPI 数据的检索结果进行合并后，最终得到中文专利申请 4075 件，外文专利申请 1171 件（不包含中文同族专利），经过数据清洗、人工去噪及标引后共得到中文专利申请 1623 件，外文专利申请 258 件，后续分析以上述数据为基础。

三、专利申请态势分析

变电站噪声治理技术包括噪声评价和噪声防治两个方面，其中噪声的准确检测及评估是电力企业及环保部门开展噪声防治的前提条件，并且对于部分噪声防治手段而言，其依赖于噪声值的有效测量和评估，例如有源消声手段。并且，在进行噪声防治后，同样需要对防治后的噪声条件进行检测评价，以判断防治效果是否达到预期要求。下面将从噪声评价和噪声防治两个方面对噪声治理技术的专利申请情况进行分析。

（一）专利申请趋势分析

1. 全球专利申请趋势

图1为变电站噪声评价技术的全球专利申请趋势。全球范围的噪声评价技术起步较早，关于噪声评价技术的首件专利申请 SU600655A1 是 1976 年由一家苏联企业提出，主要涉及采用检测器件对噪声进行检测和数据采集的相关技术，其最先关注到对变压器产生的噪声进行检测。虽然全球对变电站噪声评价技术的专利申请较早，但此后很长一段时间内，相关专利申请量仍处于较低水平。2008 年，关注变电站噪声评价的专利申请量有了较大的提升，其中大部分为中国专利申请，这与中国的城市化发展和智能电网建设有关。2013 年，变电站噪声评价专利申请量迎来爆发式的增长，达到了 30 项，并于2015 年达到峰值 42 项。在 2015 年之后，专利申请量仍维持在一个较高的水平，说明该领域受到了持续的关注。

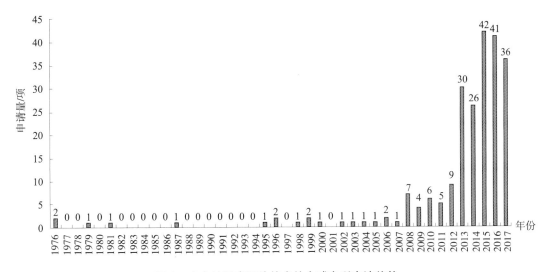

图1　变电站噪声评价技术的全球专利申请趋势

图 2 是变电站噪声防治技术的全球专利申请趋势分析图。通过图 2 可以了解到，早在 1968 年就出现了有关变电站噪声防治技术的专利申请，此后十几年，相关专利申请量保持较低水平，且增长缓慢。2006 年，变电站噪声防治技术的专利申请量开始逐年增加，到了 2012 年已经突破了 50 项，此后几年更是以较快的速度增加，截至 2015 年已经突破了 200 项，并于 2017 年达到 329 项，呈现爆发式增长的态势。变电站噪声防治技术在 2000 年以后受到持续性关注，专利申请量逐年递增，由此可见该技术仍处在快速发展阶段。

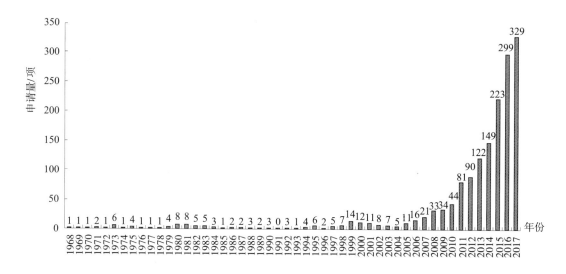

图2 变电站噪声防治技术全球专利申请趋势

从整体上看，噪声评价技术的专利申请量要低于噪声防治技术，这主要是因为噪声评价技术更多地涉及检测手段和评价方法上的改进，现有的变电站噪声检测及评价手段大多是采用通用的噪声检测评价方法，难以在原理上进行过多的改进，而噪声防治手段本身包含较多的技术分支，不同技术分支之间往往可以组合使用以达到更好的噪声防治效果，从技术创新的难度上看，噪声防治技术的申请要低于噪声评价技术的申请。因此，在噪声治理技术领域，噪声防治技术的专利申请量明显高于噪声评价技术的专利申请量。

2. 中国专利申请趋势

图3为变电站噪声评价技术的中国专利申请趋势图。2000 年以前，国内对于变电站的噪声评价鲜有人关注，噪声评价技术在中国的专利申请量基本为零，这与变电站选址有关。在 2000 年以前，变电站选址往往在较为空旷的无人区，其产生的噪声并不会影响居民的正常生活；在 2000 年之后，变电站的选址逐渐向城市靠拢，其噪声逐渐影响附近居民生活，有关变电站噪声的检测评价也逐渐受到关注。2000 ~ 2007 年，中国陆续出现有关变电站噪声评价的专利申请，但申请量大多处于较低水平。2008 ~ 2012 年，关于变电站噪声评价的专利申请较前一阶段具有显著提升，并且呈现出一种不断增加的趋势，这是因为从 2008 年开始，中国城市化建设的步伐逐渐加快，带来了越来越多的城市配电设施安置需求，许多变电站不得不设立在人员密集区域附近，其产生的噪声带来了严重的噪声污染，引发了较多的投诉事件，进而使变电站噪声评价获得了更多的关注。2013 年，有关变电站噪声评价技术的专利申请量迎来了爆发式的增长，并在随后的几年中持续保持较高的申请量，于 2015 年达到峰值 41 件。

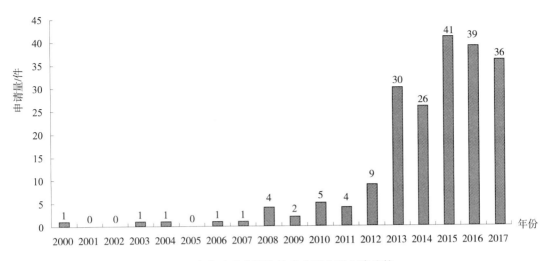

图3 变电站噪声评价技术中国专利申请趋势

图4是变电站噪声防治技术的中国专利申请趋势图。由图4结合图2可以看出，中国对于变电站噪声防治技术的关注要晚于国外。有关变电站噪声防治技术的专利申请最早出现在1995年。直到2006年，有关变电站噪声防治技术的专利申请量都维持在一个较低的水平。2007年开始，变电站噪声防治技术专利申请量开始逐渐增多，并逐年缓步增加。到2015年，噪声防治技术的中国专利申请量出现了爆发式的增长，专利年申请量突破了200件，并在随后几年保持较高的增长速度，到2017年已经达到了323件。噪声防治的专利申请呈逐年增加的态势，截至2017年已经达到更高水平，说明该领域仍处于快速发展期。

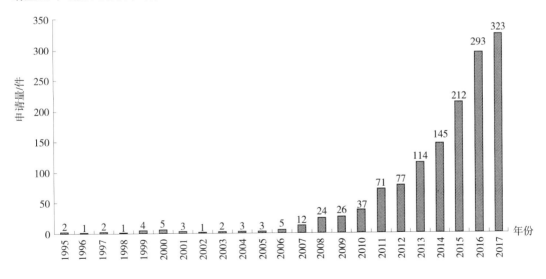

图4 变电站噪声防治技术中国专利申请趋势

通过比较变电站噪声评价及防治技术的中国专利申请趋势和全球专利申请趋势，可知虽然中国对该领域的研发起步较晚，但是专利申请量的增长名列前茅，这是因为中国的城市化建设以及城市人口密集的矛盾导致变电站噪声治理在中国有更加迫切的研发需要。噪声污染严重影响变电站周围居民的生活，引发了大量投诉，迫使电力企业针对该领域不断投入资金进行研发，也促进中国在该领域的专利申请数量呈现爆发式增长。

（二）专利区域分析

1. 专利申请区域分布

图5为变电站噪声评价技术的专利申请区域分布。从图5中可以看出，涉及变电站噪声评价技术的专利申请中，有80%为中国专利申请，日本专利申请占比为6.4%，美国专利申请占比2.8%。从变电站噪声评价技术的专利申请区域分布可以得出，中国、日本和美国是变电站噪声评价技术的主要技术市场，并且中国占据最主要地位。

图6为变电站噪声防治技术的专利申请区域分布。从图6中可以看出，涉及变电站噪声防治技术的专利申请中，中国专利申请占比为76.99%，排在第一位；日本专利申请占比为9.03%，排在第二位；美国专利申请占比2.78%，排在第三位。从变电站噪声防治技术的专利申请区域分布可以得出，中国、日本和美国是变电站噪声防治技术的主要技术市场，这与变电站噪声评价技术的专利申请趋势分布是相同的，所不同的是，日本在变电站噪声防治技术的专利申请量占比有显著增加，这也体现了日本对于该领域的重视程度。韩国在变电站噪声评价技术领域并未有过多申请，但是在变电站噪声防治技术领域，其专利申请量占比达到了2.16%，可见，韩国对于变电站噪声防治技术同样具有较为迫切的需求。

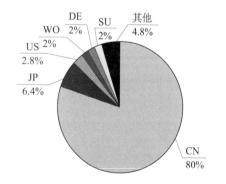 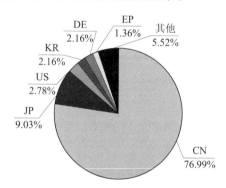

图5　变电站噪声评价技术的专利申请区域分布　　图6　变电站噪声防治技术的专利申请区域分布

通过比较变电站噪声评价技术和噪声防治技术的专利申请区域分布，可以发现，在噪声治理技术领域的绝大部分专利申请来自中国、日本和美国，表明这三个国家在变电站噪声治理方面拥有更加广阔的技术市场。

2. 专利申请来源国分布

图7为变电站噪声评价技术的专利申请来源国分布。从图7中可以看出，变电站噪声评价技术主要来源国家为中国，占比87.95%；日本是第二大来源国，占比5.8%；随后是苏联、美国、德国，占比分别为2.23%、1.79%、0.89%。中国和日本是变电站噪声评价技术专利申请的主要来源国。

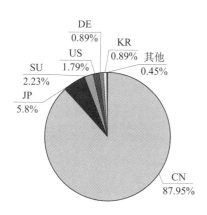 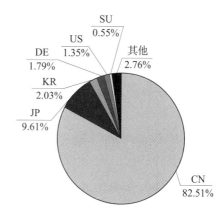

图7 变电站噪声评价技术的专利申请来源国分布　　图8 变电站噪声防治技术的专利申请来源国分布

图8为变电站噪声防治技术的专利申请来源国分布。从图8中可以看出，变电站噪声防治技术第一大来源国为中国，占比为82.51%；第二名是日本，占比为9.61%；第三名是韩国，占比2.03%；随后是德国和美国，占比分别为1.79%和1.35%。

通过比较变电站噪声评价技术和噪声防治技术的专利来源国分布，可以得出，中国和日本是变电站噪声治理领域的主要技术输出国。中国成为最大的技术输出国，与近年来不断加强的智能电网建设有关。噪声问题是变电站建设过程中不可忽视的因素，而且人们的环保意识逐渐增强，这些都促使企业加强该领域的技术投入。

（三）主要申请人分析

申请人是申请专利的主体，也是技术发展的主要推动力量，通过对申请人，尤其是主要申请人的研究，可以发现本领域的申请主体的特点以及主要申请人的专利战略特点。

图9反映了变电站噪声评价技术全球主要申请人排名。由图9可以看出，全球前十位申请人中，我国申请人占据了七席，其中国家电网的申请量为33项，远多于其他申请人，这与我国专利政策和环境政策有一定关系；另外三个申请人来自日本，分别为杰富意钢铁株式会社、东京电力株式会社和日新电机株式会社，其中申请量最多的是杰富意钢铁株式会社。以上态势与专利来源国别占比分布也是基本一致的。

图9 变电站噪声评价技术全球前十位申请人

注：图中数字表示申请量，单位为项。

图 10 为变电站噪声评价技术国内主要申请人排名，给出了国内前十位申请人的排名，其中国家电网和中国南方电网有限责任公司分别排名第一和第二。申请主要集中在 2012 年之后，这与我国近年来对生态环境保护的政策是契合的，也反映了我国的电网公司对变电装置噪声的重视。

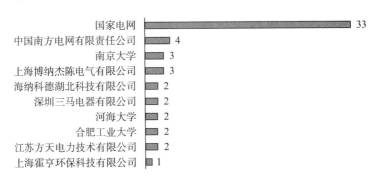

图 10　变电站噪声评价技术国内主要申请人

注：图中数字表示申请量，单位为件。

国外专利申请量最多的为杰富意钢铁株式会社，其申请量有 4 件，主要申请年份是在 2006 年之后，且跨度较大，为 2006 ~ 2016 年。杰富意钢铁株式会社对噪声评价的布局主要在于噪声预估方法和噪声检测器件的改进。JP200882778A 披露了该公司具有代表性的核心技术，其为一种变压器铁芯固有频率的测量方法，通过在铁芯上设置三次元振动感知装置，测量噪声频率，并且根据励磁频率的 N 倍周波与铁芯固有频率噪声分量之间的关系，得到噪声分量的峰值。

国内专利申请量第一位为国家电网，远超其他申请人。这是由于国家电网在国家政策的支持下，结合先进技术的引进和自主研发，采用企业间合作、校企合作、企业和研究院合作以及国家电网设立众多子公司的模式，进行了大量的专利申请。该申请人在噪声评价方面的布局主要是针对检测器件以及测点布置的改进；而对于噪声评估方面多涉及评价方法的改进，主要在于评价算法以及评价指标。CN101358875A 为国家电网具有代表性的检测技术，公开了一种测量电容器噪声的方法，采用一个独立的基波电源，和若干个独立的谐波电源构成多频电源，使注入电容器的基波和各次谐波电流、电压均处于可控状态，各自根据电容器电流条件，独立地送入试验变压器，通过变压器合成后加载至被测电容器，两只麦克风将测电容器的噪声信号传输至噪声测试仪进行计算分析得到基本接近电容器真实运行情况下的噪声参数，为噪声水平评价和治理提供较准确的科学数据。

图 11 为变电站噪声防治技术全球主要申请人排名。由图 11 可以看出，噪声防治技术的专利申请状况和噪声评价的申请人排名情况是大体上一致的，全球前十位申请人中，我国申请人占据了七席，其中国家电网的申请量为 291 项，远多于其他申请人。另外三个申请人均来自日本，分别是东芝、日立和昭和电线电缆株式会社，其中申请量最多的是东芝，为 32 项。

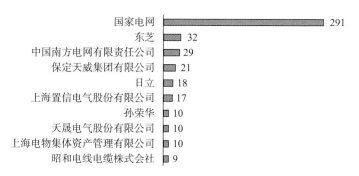

图 11　变电站噪声防治技术全球主要申请人

注：图中数字表示申请量，单位为项。

图 12 为变电站噪声防治技术国内主要申请人排名，给出了国内前十位申请人的排名，其中国家电网和中国南方电网有限责任公司分别排名第一和第二，申请也是主要集中在 2012 年之后，这与我国近年来对生态环境保护的政策是契合的，这也反映了我国的电网公司对变电装置噪音的重视。而国家电网的下属公司比较多，该类申请人统归于国家电网，也是其申请量较多的一个主要原因。

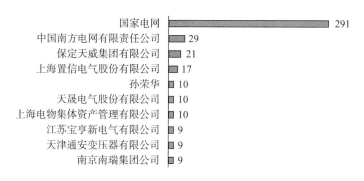

图 12　变电站噪声防治技术国内主要申请人

注：图中数字表示申请量，单位为项。

国外专利申请量最多的为东芝，其申请量有 32 项。早在 20 世纪 80 年代，东芝就开始专利布局，其布局点在于基础隔振，而隔振防噪也是该申请人专利布局的重点；其另一个布局重点在于隔声的改进，重点也是放在封闭式隔声。东芝被引证最多的却不是其布局量多的专利，而是其布局量较少的专利，如改进点为通过排气消声的 JP2004252340A 以及通过共振吸声的 JP2010212350A。JP2004252340A 公开了一种管道降噪装置，其具有主管以及与主管耦合的分支管，通过设置主管和分支管长度之间相对于半波声长的差值不同以实现噪声的衰减。JP2010212350A 公开了一种共振型噪声减少装置，该共振型噪声减少装置内部存在多个空洞部，通过空洞部，可达到共振吸声的效果。

与噪声评价领域的态势相同，国家电网的专利申请量也远大于其他申请人，其布局涉及每一个分支，但是主要还是集中在隔振方面以及封闭式隔声的改进，其中 CN101329939A

和 CN104269255A 为具有代表性的专利技术。CN101329939A 公开了一种换流变压器降噪装置，为借助换流变压器两侧的防火墙与阀厅墙对变压器本体进行封闭式隔声处理的大型换流变压器噪声治理的新技术。CN104269255A 公开了一种隔噪房，包括由吸隔声板构成的侧壁和覆盖于所述侧壁上的由吸隔声板构成的顶，所述侧壁与所述顶由吸隔声板构成，电力变压器产生的噪声在向四周传播的过程中，侧壁和顶能够吸收噪声并阻止噪声的传播，还进一步在隔噪房内设置用于放置电力变压器的减振底座，减振底座可以是弹性支承底座，将变压器置于减振底座上，能够隔离变压器机组的振动向地面的传播，阻止变压器机组与地面产生共振效应。

四、专利技术分析

（一）申请情况分析

1. 各技术分支申请情况分析

变电站噪声评价技术主要分为两类，一类是噪声评估技术，另一类是噪声检测技术。从图 13 的变电站噪声评价技术分支的年申请量来看，噪声检测技术在 2011 年以前都保持相对平稳的发展；到了 2012 年后，噪声检测技术发展相对较快，专利年申请量也相对噪声评估技术申请量多，并保持该趋势逐年递增。噪声检测技术相对噪声评估技术来说，发展速度较快，且专利申请量也相对增长较快。

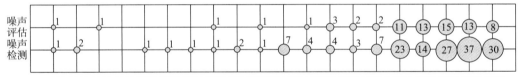

图 13　变电站噪声评价技术分支历年申请量

注：图中数字表示申请量，单位为项。

在变电站噪声防治技术方面，该领域的技术人员常通过隔振、消声、隔声和吸声四个方面对噪声进行防治。如图 14 所示，在 2008 年之前，噪声防治技术的这四类技术分支的专利申请量都较为接近，专利申请数量较少；2008 年后，噪声防治技术专利申请量有了较大提升，尤其是在隔振、隔声和吸声技术方面的专利申请量增长较快，其中，隔振和吸声的噪声防治技术的专利申请量又处于领先水平，这也从侧面反映出了在噪声防治方面，隔振、隔声和吸声的噪声防治手段的技术更为符合实际情况，尤其是隔振和吸声的噪声防治手段，在噪声防治方面能起到更为有效的技术效果，防治技术也发展得更为成熟。噪声防治技术在经济技术大力发展的前提下，仍具备不断向前发展的动力和趋势。

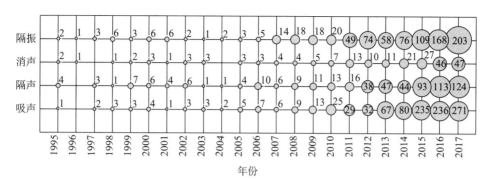

图 14　变电站噪声防治技术分支的年申请量

注：图中数字表示申请量，单位为项。

2. 各国技术分布情况

图15为变电站噪声评价技术主要国家/地区在各技术分支下的分布情况。从图15中可以看出，噪声评价技术的两个主要技术分支为噪声评估分支和噪声检测分支。以上两种技术分支在中国、日本、美国发展较好，其次是在德国。韩国的噪声检测分支的发展明显好于噪声评估技术。从图中可以看出，噪声检测分支专利数量多于噪声评估分支的数量，显示出噪声检测技术的发展较噪声评估技术的发展更好一些。

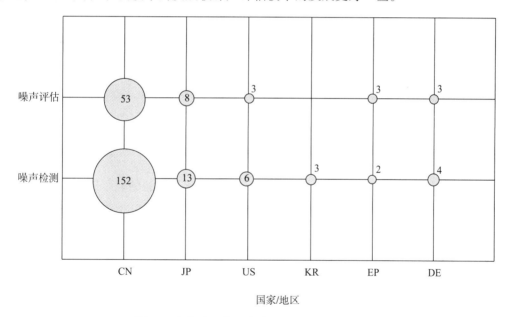

图 15　变电站噪声评价技术主要国家/地区分布

注：图中数字表示申请量，单位为项。

图16为变电站噪声防治技术主要国家/地区在各技术分支下的分布情况。从图16中可以看出，噪声防治主要技术分支为：隔振、消声、隔声及吸声，其中隔振为主要的噪声防治手段，其次是吸声和隔声，消声相对较少。以上四种技术分支在中国、日本、美

国发展较好，其次是在韩国，然而韩国主要采用隔声进行噪声防治，隔振次之。从以上分析得出，目前主要是采用隔振降低噪声，这也是最简单易行的方法。

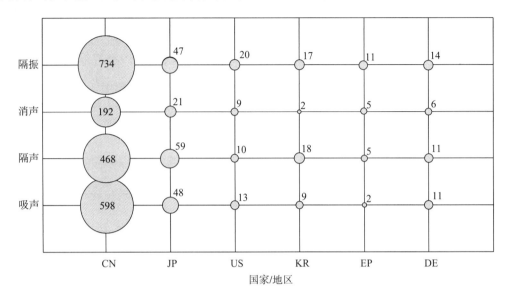

图16　变电站噪声防治技术主要国家/地区相关专利申请分布

注：图中数字表示申请量，单位为项。

（二）技术活跃度分析

专利年申请量和年申请人数量之间的关系曲线反映了专利技术的活跃度，通过该曲线可以分析专利技术生命周期，为技术产业的发展提供数据基础和理论依据。以下从变电站噪声防治技术和变电站噪声评价技术两方面来分析技术活跃度。

图17为噪声评价专利年申请量和年申请人数量之间的关系曲线，反映了变电站噪声评价技术活跃度。从图17可以看出，噪声评价技术萌芽于1976年，萌芽时间较噪声防治技术晚，且专利年申请量和年申请人数量长期相对较少，经历了漫长的萌芽期，直到2013年，专利申请量和申请人数量才较快速增长，但数量也并不多。2012～2015年为噪声评价技术生长期，时间相对较短，专利年申请量和申请人数量也不多。2015～2016年进入成熟期。从数据上看，对于噪声评价技术而言，2017年开始有衰退趋势，造成这一现象有以下原因：首先，由于在CNABS和DWPI数据库检索到的数据均为在2017年申请并且截至检索日期前已经公开的申请文献，可能存在部分文献未公开的情况，由此会导致2017年数据统计出现偏差；其次，由于噪声评价技术研究理论性较强、产业需求相对较少，导致该技术的年申请量和年申请人数量一直处于相对较少的状态，因而可能使该技术进入衰退期。

图18为噪声防治专利年申请量和年申请人数量之间的关系曲线，反映了噪声防治技术活跃度。从图18可以看出，噪声防治技术萌芽于1968年，萌芽时间较早，但1968～2010年一直发展缓慢，处于较长的萌芽期，且年申请量和年申请人数量均较少；2010～

2017 年，噪声防治技术处于相对较快速的生长期，年申请量和年申请人数量均较大，可见，近年噪声防治技术处于快速成长阶段，因而研发和创新能力是企业跻身行业前列及提高竞争力的主要因素。对于少数在技术萌芽期就进入该技术领域的企业而言，由于有前期研发基础，企业可利用先前积累的经验，进一步在辅助产品上和技术改进上进行创新或模仿创新。对于大部分后续进入该技术领域的企业而言，由于其已经丧失市场先机，因此只有缩短研发时间、提高研发和创新能力，才能赶上先进企业。

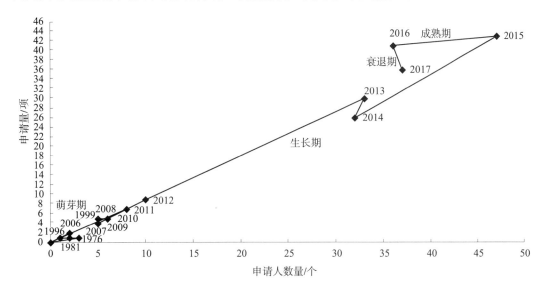

图 17　变电站噪声评价技术活跃度

注：图中数据点上的数字表示年份。

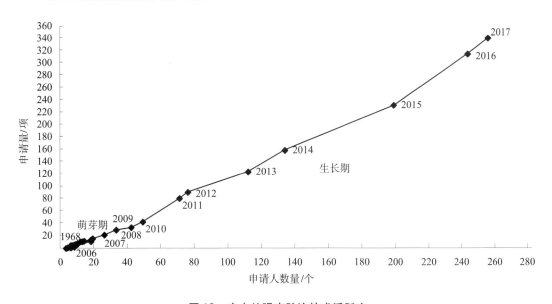

图 18　变电站噪声防治技术活跃度

注：图中数据点上的数字表示年份。

（三）技术发展路线

针对变电站噪声评价和变电站噪声防治两个技术分支，分别划分出 6 个时间间隔和 7 个时间间隔，依据不同时间间隔内被引证次数最多以及同族数量较多的专利文献，并从技术方案上判断其是否为相应时间节点上的重要文献，由此建立了技术发展路线图。

变电站噪声评价分为噪声检测和噪声评估两个技术分支，其发展路线如图 19 所示。

在噪声检测方面，关注点主要是在检测器件和噪声检测点的分布及设置上，其技术演进路线发展历程大致为只是提到传感器检测噪声（US5778081，19960304）→设置连接到紧耦合的变压器线圈的压电探测器检测噪声（US5663504，19960314）→使用定向麦克风构成的声音采集器检测噪声（CN2704452，20040604）→将 3 个或 3 个以上振动传感器贴在变压器箱体表面上，在变压器箱体正面中点处距变压器一段距离处布置噪声声压计（CN101246043，20080328）→用麦克风将被测噪声信号传输至噪声测试仪（CN101358875，20080925）→采用电容式声压传感器（CN102520240，20120105）→引入参考传声器，将不同位置的小孔径阵列合成为虚拟的大孔径阵列从而测量低频噪声（CN103217211，20130409）→通过布放在静音区的误差传感器采集静音区的降噪信号（CN103475336，20130906）。

在噪声评估方面，关注点主要是在噪声分离和噪声评价上，其技术演进路线发展历程大致为陷波滤波器分离噪声，傅里叶变换评价噪声（US5550924，19950313）→滤波器分离噪声，用电容器分离多个频段的噪声，电容和滤波器的输出连接到评价单元评价噪声（US6130540，19980421）→计算声压等级评价噪声（JP2006189367，20050107）→通过磁片的磁致伸缩特性评价噪声等级（JP2009236904，20090303）→进行低频振荡特征类噪声的辨识从而分离噪声（CN103198184，20130327）→变压器整体性能评价中包括噪声评价（CN103325072，20130618）。

对于噪声评估，重要文献较少，2011 年 9 月 22 日由 JFE STEEL 公司申请的专利文献 JP2013068517 介绍了通过计算铁芯的磁通量密度预估噪声，被多件文献引用，可以作为该技术分支的重要文献。

变电站噪声防治分为吸声、隔声、消声、隔振四个分支，其技术发展路线如图 20 所示。

在吸声方面，关注点主要是吸声材料的改进以及开孔的共振结构改进，其技术演进路线发展历程大致为通过吸声材料制成的管消除噪声（DE3401210，19680516）→使用泡沫型开孔材料吸声（DE2309564，19690226❶）→在噪声源周围设置金属薄层吸声（US4373608，19800930）→吸音材料包括玻璃纤维或泡沫（US6119808，19980819）→泡沫共振吸声器（US6778673，19991018）→贴矿棉吸声材料制作消声板（CN2419713，20000315）

---

❶ 括号内由专利号和公开日组成，下同。

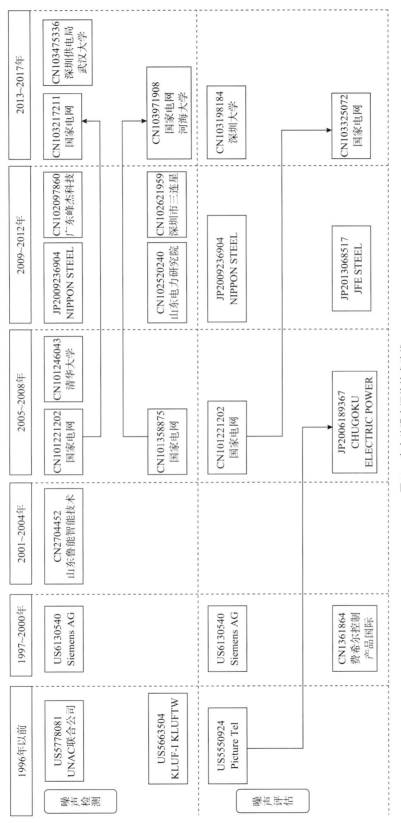

图19 变电站噪声评价技术路线

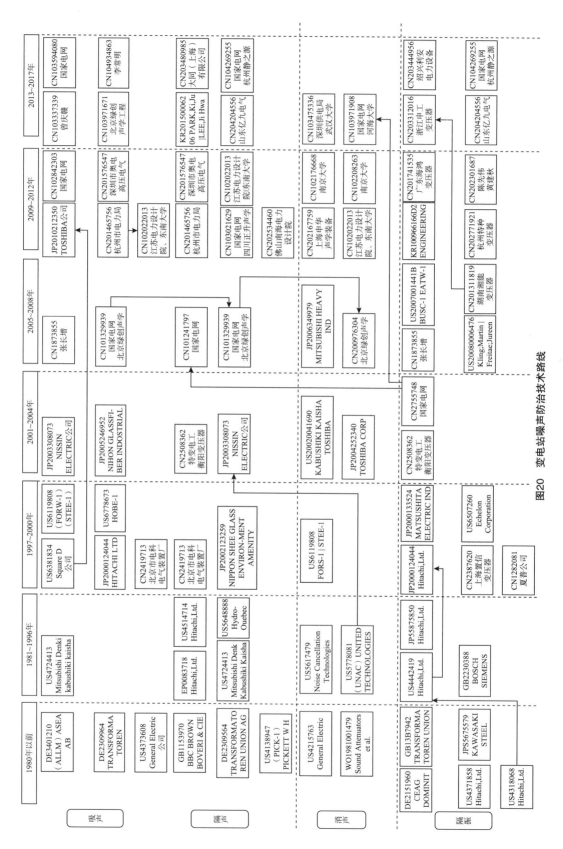

图20 变电站噪声防治技术路线

→吸声材料为橡胶或丙烯酸树脂，多孔结构（JP2007047567，20050811）→环氧树脂玻璃布板或聚酯复合箔的板材构成导流罩和导流管，内壁贴泡沫材料、纤维等吸音（CN1873855，20060612）→共振空腔配合吸声材料（CN101533638，20080504）→防火岩棉外包裹有玻璃丝布构成吸声罩（CN201465756，20090706）→吸声材料为玻璃布包中级玻璃棉纤、穿孔石膏板构成共振吸声结构（CN102022013，20101105）→吸声板为微穿孔板和铝纤维板两种共振材料（CN102842303，20110623）→有机玻璃或铝或铝合金制成吸声装置（CN103594080，20131025）→微穿孔共振吸声结构+薄板共振吸声结构（CN103971671，20140423）。

在隔声方面，敞开式的隔声结构比封闭式的多一些，整体技术演进路线发展历程大致为设置隔音墙（GB1153970，19680516；DE2309564，19730226）→设置噪声屏障（US4138947，19770407）→用噪音绝缘板（EP0083718，19821123）→用吸声或反射材料制成声音外壳层（US4724413，19860411）→设置隔声间（US5648888，19951227）→采用隔声双层板结构及消声风道（CN2419713，20000315）→薄膜和钢板隔离（JP2002123259，20001013）→在箱体与外壳之间的夹层空间内填充隔音材料（CN2508362，20011031）→设置两个隔声屏障、两个隔声接板（CN101241797，20080307）→采用自承重隔声吸声复合结构对变压器本体进行封闭式隔声（CN101329939，20080504）→变压器隔声罩（CN201465756，20090706）→隔声门（CN102022013，20101105）→共振吸声墙体（CN103021629，20121224）→设置隔音间，前门和后面有吸音材料（KR20150006206，20130708）→隔噪房，外层使用第一吸隔声板，内层使用第二吸隔声板（CN104269255，20141021）。

在消声方面，关注点在有源消声的文献比较多，其次是阻性消声，整体技术演进路线发展历程大致为采用声音衰减器叠加在噪声源上（US4215763，19780821）→发射振动噪声叠加到噪声源（WO1981001479，19801110）→加有源自适应噪声衰减装置（US5617479，19951212）→有源相阵共鸣器进行噪声控制（US5778081，19960304）→振动阻尼消声（US6119808，19980819）→有源噪声抑制器（US20020041690，20010830）→多孔扩散原理制作消声器（JP2004252340，20030221）→噪声源叠加有源噪声减少装置（JP2006349979，20050616）→插设在钢框架内的若干阻抗复合式消声片+L型阻性片式进风消声器（CN200976304，20061201）→有源降噪装置（CN102176668，20110224）→多通道有源自适应降噪系统（CN102208263，20110224）→阻性消声片（CN202167759，20110808）。

在隔振方面，关注点在变压器器身隔振的文献较多，其主要是对铁芯材料和结构以及摆放位置的改进，整体技术演进路线发展历程大致为在铁芯上加弹性黏合剂（DE2151960，19711019）→采用叠片铁芯、无声液体冷却变压器（GB1387942，

19720417）→改进铁芯的材料（JPS5675579，19791122）→振动抑制器降噪（US4318068，19800618）→提供一种静电感应装置，能够极大地减小从加强支撑件到隔音板传递的振动（US4442419，19810929）→设置钢性振动阻尼板（JPS5875820，19811030）→壳体和变压器之间设置铁磁材料的阻尼器件（GB2230388，19900406）→向铁芯提供吸音和防振材料（JP2000124044，19981014）→在壳体内部设置橡胶缓冲器（JP2000133524，19981027）→非晶合金铁芯、下夹件以及与槽钢支架间垫有橡胶衬垫和垫块（CN2387620，19990303）→改变铁芯的电容和绕组结构（US6507260，20000427）→将绝缘部件和磁性体做成一个整体，便可消除升压变压器动作时因磁性体振动而产生噪音的发生源（CN1282081，20000605）→外壳代替加强筋提高了油箱结构强度从而增加油箱噪声阻尼（CN2508362，20011031）→高、低压线圈与支撑件之间设置硅橡胶垫片，低压线圈与铁芯芯柱之间通过硅橡胶棒撑紧（CN2755748，20041208）→设置调谐的振动吸收剂进行基础隔振（US20070014418，20060711）→在防松螺母与吊板之间加丁腈橡胶垫圈，及在下夹件与油箱底板加丁腈橡胶板（CN201311819，20081219）→通过利用弹性构件可以使振动和噪声最小化（KR100966166，20091208）→设置低频隔振台，多个弹性体设置在上金属夹板、下金属夹板之间，弹性体包括低自振频率弹簧、橡胶垫片（CN202301687，20111010）→铁芯与底座之间设有垫块（CN202771921，20120904）→通过在油箱内设置涂有阻尼材料的钢板网和减振器，降低振动（CN203312016，20130619）→噪音能通过内壳体上的间隙孔进入消音层并被吸收，弹簧减震器可有效缓解变压器的振动（CN204204556，20140925）。

五、总结与展望

变电站噪声治理技术领域在近年来处于比较快的发展期，其中针对噪声防治技术的专利申请量在最近几年更是呈现了爆发式的增长，现代智能电网建设的不断加快和人们对于环境质量要求的持续提高是推进该领域技术发展的主要因素。目前，该领域绝大部分专利申请来自中国，其中国家电网的申请量最多，处于领先地位。

从各技术分支申请情况来看，变电站噪声治理技术领域，有关噪声评价技术的专利申请更多侧重于噪声检测，而噪声评估方法的专利申请相对较少，这也体现了噪声评价技术中对于噪声评估方法方面的专利布局相对较少。变电站噪声防治技术中，使用最多的技术手段仍然是采用吸声和隔振的方式进行噪声防治，隔声和吸声手段往往存在复合使用的情况，消声手段应用最少。从技术难度和成本来看，消声手段也较其他手段更高，相应地其噪声防治效果也优于其他手段。相关企业可以着重在消声手段上加强技术研发和专利布局。

变电站噪声治理领域的技术活跃度方面，国内企业是在 2008 年左右开始对该技术领域进行专利布局。由于该技术领域的企业主要为国家电网及其子公司，整个领域的申请人数量较少，专利申请量也较少，新技术较少。因此，对于这方面的研究还是有很多可以挖掘之处，特别是随着我国特高压输电的应用、城市化以及居民对居住生活环境要求的提高等，一系列新的研究课题都将随之出现。笔者建议电力企业对该领域进行持续的、有针对性的研究。

从技术发展路线上来看，噪声检测的主要关注点是检测器件和测点布置。噪声评估的主要关注点是在噪声分离和噪声评价。而在噪声防治方面，吸声手段主要关注点是吸声材料和共振结构的改进，隔声手段则倾向于采用敞开式隔声结构，而在消声手段方面，有源消声受到了越来越多的关注，最后隔振手段方面，其主要关注点在于铁心材料和结构方面的改进。

主观烦恼度是噪声治理领域的最新研究方向，针对主观烦恼度的噪声评价和以改善主观烦恼度为目标的噪声防治的专利布局非常少，而该方向区别于以往的客观噪声评价及传统噪声防治手段，着重从人的主观感受来对噪声进行评价和防治，属于目前较新的研发热点。电力企业可以向该方面加大技术研发和专利布局。

参考文献

[1] 周建飞，等. 城区变电站噪声控制典型技术 [J]. 噪声与振动控制，2011，31(5)：173 – 177.

[2] 魏慧杰，等. 交流变电站主要设备噪声特性分析 [J]. 湖南电力，2018，38(2)：21 – 24.

[3] 苏子聪，等. 城市变电站建设与居民和谐相处问题探讨 [J]. 广东科技，2013，22(22)：57 – 59.

[4] 迟峰，等. 变电站（换流站）与输电线路噪声及其治理综述 [J]. 上海电力，2007(6)：580 – 586.

[5] 樊小鹏，等. 变电站噪声污染评价与控制技术现状与展望 [J]. 电力科技与环保，2015，31(6)：4 – 7.

[6] Blazier W E. Revised noise criteria for application in the acoustical design and rating of HVAC systems [J]. Noise Control Engineering，1981，16(2)：64 – 73.

[7] 潘家玮. 变电站的噪声分析与降噪控策略研究 [D]. 广州：华南理工大学，2014.

智能电网环境下家庭能源管理系统专利技术综述[*]

智能电网环境下家庭能源管理系统专利技术综述[*]

胡艳梅　　邱慧^{**}　　苏建明^{**}　　陆菲^{**}

摘　要　　家庭能源管理系统作为智能电网在居民侧的延伸是智能电网的重要组成部分。智能电网为家庭能源管理系统提高居民侧用电效率、实现节能减排提供了新方法，同时，也为家庭能源管理系统提出了新的功能需求。本文针对家庭能源管理系统的专利申请，从全球申请量趋势、技术分支、重要申请人和专利技术发展脉络等多个方面进行全面分析，有助于国内企业和科研机构了解家庭能源管理系统的最新研究动态，学习借鉴国内外成功企业经验和弥补国内研发空白。

关键词　　家庭　能源　管理　优化调度

一、引言

随着社会与经济的不断发展，电力的需求量不断增加，电力生产、传输、使用过程中的效率对经济可持续发展和环境保护等方面具有重要影响。根据 2010 年的调查报告显示，我国的能源消费总量已超过美国，位居世界第一。研究表明我国居民侧用电量占社会总用电量约 40%，但是用电效率低、浪费严重。智能电网为家庭能源管理系统提高居民侧用电效率、实现节能减排提供了新方法[1]。

欧美国家于 20 世纪 70 年代开始进行家庭能源管理系统的研究，我国早期也有关于居民侧能源优化调度的相关研究，但国内家庭能源管理系统的概念在 2013 年才被正式提出。家庭能源管理系统利用传感器获取人员活动、设备工作状态以及环境等信息，通过对这些信息进行整合处理分析来对用电装置进行优化调度和控制，在满足用户舒适度的同时，减少用电量、提高用电效率。

近年来，智能电网技术的发展为家庭能源管理系统的研究提供了新的机遇与挑战。智能电网以集成的高速双向通信网络为基础，利用先进的感测技术、设备技术、控制方

---

　　* 作者单位：国家知识产权局专利局专利审查协作四川中心。

　　** 等同第一作者。

法以及决策支持系统技术，实现电网安全、经济、高效和环境友好的目标。智能电网能够提供满足 21 世纪用户需求的电能质量，兼容各种不同的发电形式，启动电力市场的优化高效运行。家庭能源管理系统是智能电网在居民侧的延伸，智能电网众多新功能的实现都需要家庭能源管理系统的支持。

二、家庭能源管理系统专利技术分类

（一）数据来源

本文使用的数据来源于德温特世界专利索引数据库（DWPI）和中国专利文摘数据库（CNABS），检索时间截至 2018 年 7 月 31 日。检索过程基于精确检索与适当扩展相结合的方式，运用涉及相关技术领域的准确关键词，从而得到初步检索结果。检索得到专利申请总量共 3173 件，经过人工阅读逐篇筛选最终得到相关专利申请共 2262 件，这些专利申请涉及的分类号主要包括：H02J13、G06Q50、H02J3、H04L12、H04Q9、G05B15 等。

（二）专利技术分类

一般而言，智能电网环境下家庭能源管理系统主要包含五大功能模块：用户设置模块、检测模块、预测模块、优化调度模块和设备监控模块。本文在行业内家庭能源管理系统技术分类的基础上，结合检索所得专利申请进行技术分支的统计梳理，将其分解为优化调度模块、检测模块、监控模块、系统硬件结构四个主要模块，最终确定出如图 1 所示的技术分支结构图。

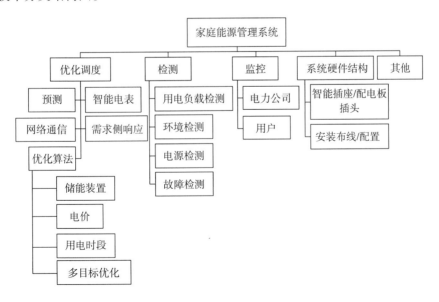

图 1 家庭能源管理系统技术分支结构图

优化调度模块：作为家庭能源管理系统的核心，其根据用户设置、设备工作状态、环境信息、人员活动信息、电价信息、可再生能源的出力预测等信息对家庭环境内的可调度用电负载及储能系统的运行进行优化调度，达到用户预先设定的某一最优目标，例如最小化用电费用等。优化调度模块包括预测、需求侧响应、智能电表、网络通信、优化算法五大分支。预测是指针对风电、光伏发电出力不稳定的特点，利用预测算法对其功率输出进行预测，有利于提高它们的利用率；需求侧响应是指电力用户根据需求侧响应实施机构发布的价格信息或激励机制做出响应，改变自身用电模式的市场化参与行为；智能电表是指在面对用户与电网的电力双向流动的情况下电能结算复杂的问题时，利用智能电表对发电、储能、用电及售电进行有效的能效管理，帮助提高用户的收益，降低用电成本；网络通信是指利用网络通信的工作方式进行优化，从而实现快速有效的通信，对家庭能源进行有效管理；优化算法是指为实现家庭能源优化调度的各种计算方法，能够满足在多尺度时间和空间上的精细化的能源优化管理需求，其中优化算法又可以分为储能装置、电价、用电时段及多目标优化这四种不同的方式。

检测模块：根据检测目标可以分为用电负载检测、环境检测、电源检测和故障检测。用电负载检测是指对用电负载的工作状态进行检测，比如电动汽车的当前连接状态、电池荷电状态、家用电器的工作状态、用电功率等；环境检测包括对室内的温度、湿度、光辐照度等因素的检测；电源检测是指对供电电源状态的检测，如光伏发电系统的发电状态、实际发电功率的检测；故障检测是基于安装在室内的传感器采集信息，通过分析和诊断，确定是否发生故障及故障类型，从而保证维修的快速及时。

监控模块：根据优化调度部分计算的结果对用电设备、电源系统的运行进行监测控制，实时监测用电设备的工作状态，并将设备的工作状态和当前的用电状态通过人机界面反映给用户和电力公司。

系统硬件结构：涉及家庭能源管理系统的整体规划设计，包括智能插座/配电板/插头部件的智能检测设计，以及安装布线/配置的整体结构设计，从硬件结构设计的角度实现家庭能源管理系统的优化配置。

其他：家庭能源管理系统中不属于上述四个类别的其他智能化管理产品或方法。

通过检索得到全球家庭能源管理系统各技术分支的专利申请文献量，如图2所示。

其中，优化调度是家庭能源管理系统的核心，所占比例为55%，是该技术领域最重要的技术分支，可见该领域的技术创新主要集中在智能

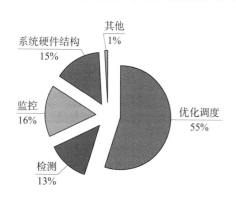

图2　家庭能源管理系统
各技术分支比例图

协调优化上，而并非相关配套技术和装置的改进；监控是用户和电力公司了解用电状态的重要环节，申请量仅次于优化调度，所占比例为 16%；系统硬件结构的创新有助于整体家庭能源管理系统的发展，所占比例为 15%；检测是该技术领域的数据基础，所占比例为 13%；其他类专利申请所占比例为 1%。

三、专利技术概况

（一）全球和中国专利申请趋势

全球和中国专利申请趋势统计结果如图 3 所示。

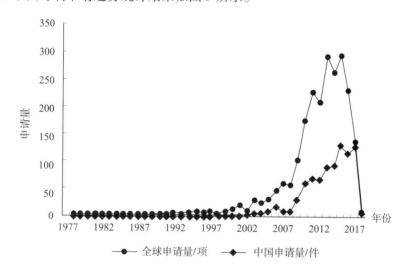

图3　家庭能源管理系统全球和中国历年申请量

总的来讲，家庭能源管理系统的发展经历了三个阶段：

第一阶段（1977～2001 年），是家庭能源管理系统的技术起步萌芽期。在这期间，家庭能源管理系统在实际中应用较少，专利申请量也较少，但是出现了智能插座、多功能电表等对后续家庭能源管理系统发展影响重大的专利技术，也有简单的能源管理方案用以实现开关控制，从而调节用电量。

第二阶段（2002～2010 年），是家庭能源管理系统的快速发展阶段。在这个阶段，综合布线、用电数据的采集和分布式电源的发电量预测以及多目标优化的管理方案充分发展，同时专利申请量也快速增长。

第三阶段（2011 年至今），是家庭能源管理系统的成熟阶段。随着世界各国对智能电网下家庭能源管理系统在节约能耗方面的效用的日益重视，各大企业和科研机构在家庭能源管理系统上投入了更多研发，结合新能源技术、智能电网以及通信技术的发展，家庭能源管理系统进入智能化的管理阶段，除了智能电表、智能插座、综合布线/配置的发展外，还有基于电源、环境等检测技术，监控平台和网络通信技术的改进，以及针对用户舒适度等多目标优化管理的专利技术的飞速发展。用户可以通过手机、电脑等移动终端对用电状态进行监控与调节控制。家庭能源管理系统不断改进用电结构，并且改善传统的用电服务模式，进入到更智能化的发展阶段。

（二）主要专利申请人分析

通过对家庭能源管理系统的专利申请的统计分析，得出主要申请人如图 4 所示。日本申请人在申请量方面占据了明显的优势地位，究其原因主要在于日本在电力能源方面的资源匮乏，因而对智能电网的重视成熟较高，专利申请量排名前 15 的申请人中有 11 位为日本申请人，排名前 5 的申请人中日本申请人更是占据 4 席，分别为松下、东芝、京瓷、三菱，其中松下的专利申请量共 130 项，排名第一。中国国家电网公司（以下简称"国家电网"）的专利申请量排名全球第二，共 103 项。其他国家中，美国的申请人通用电气的专利申请量共 56 项，排名第六；韩国的申请人 LG 和三星的申请量排名也较靠前。

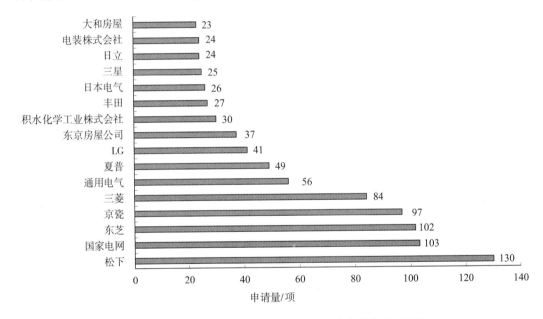

图 4　家庭能源管理系统全球主要专利申请人排名及申请量

（三）各技术分支主要专利申请人

图 5 所示为各技术分支的主要申请人的统计分析结果。

在各技术分支中，以松下、东芝、京瓷和三菱为代表的日本企业无疑成为最为抢眼的技术主导者，其研发起步较早，且专利布局全面，重点专利技术也被上述主要申请人所掌握。同时，夏普、积水化学、东京房屋等日本企业的专利申请量紧随其后。中国国家电网公司在总申请量上排名第二，其专利布局主要集中在对系统监控技术的改进方面。另外，韩国的 LG 和美国的通用电气申请量也较大。

排名	申请量/项	公司
1	88	松下
2	71	京瓷
3	67	东芝
4	51	三菱
5	50	国家电网
6	36	通用电气
7	33	夏普
8	29	LG
9	25	东京房屋公司
10	21	积水化学

（a）优化调度申请量排名

排名	申请量/项	公司
1	15	京瓷
2	15	东芝
3	13	松下
4	13	三菱
5	9	国家电网
6	8	LG
7	7	积水化学
8	7	夏普
9	5	日立
10	5	通用电气

（b）检测申请量排名

排名	申请量/项	公司
1	30	国家电网
2	13	松下
3	12	三菱
4	12	东芝
5	10	通用电气
6	8	京瓷
7	7	大和房屋
8	6	夏普
9	5	电装株式会社
10	5	三星

（c）监控申请量排名

排名	申请量/项	公司
1	16	松下
2	14	国家电网
3	8	三菱
4	7	东芝
5	6	通用电气
6	5	百力通
7	4	LG
8	3	京瓷
9	3	夏普
10	3	东京房屋

（d）系统硬件结构申请量排名

图5 家庭能源管理系统各技术分支主要申请人之申请量的排名

根据图5所示的专利分布可知，松下、东芝、三菱和京瓷等日本传统家电企业在专利布局上渗透到各个技术分支，其研发实力较强，牢牢掌控领先技术，优势也极为突出。国家电网正不断积极追赶，由于其肩负电能供应商的职责，首要目标是稳固用电情况，因而其专利布局主要集中在系统的监控技术，其他方面的申请量则低于松下、东芝等日本企业。韩国的LG和美国的通用电气是世界知名电气企业，其申请量虽低于日本企业，但也掌握了部分核心专利技术，具有一定的研发创新实力。

提取申请量排名前十的主要申请人在各技术分支的专利技术分布，如图6所示。

从图6可以看出，优化调度作为家庭能源管理系统的核心，各主要申请人的专利技术分布也重点集中于该技术分支。家庭能源管理系统是基于整个电力网络而产生的，由于电力网络的分布区域大、面积广，家庭能源管理系统在应用时需要依托于通信网络进行优化调节，因而网络通信技术分支的申请量所占比重最大。日本的松下公司毫无疑问是家庭能源管理系统中最为活跃的申请人，其在全部的技术分支的专利申请表现出了更为均衡的态势。同时，东芝、京瓷、国家电网和LG等企业在网络通信中也积极布局，夏普、通用电气也占有一定比例。伴随着电池、超级电容等储能技术的发展，基于储能装置充放电而进行能源优化调节的申请量也逐渐增多，在该技术分支中日本的京瓷株式会社较为突出，所占申请量最大；其次为松下、三菱、东芝、东京房屋、积水化学和夏普，该技术分支基本被日本的企业所垄断，而其他申请人如国家电网、通用电气和LG等的申请量都较小。基于预测、需求侧响应、用电时段、智能电表、多目标以及基于电价的协调控制等技术分支虽然申请量不大，但都是优化调度中常用的控制策略。其中，日本的三菱公司在需求侧响应的技术分支中申请量最大，共15项专利申请，松下、东芝、国家电网和通用电气等在该领域也有一定专利布局，而其他申请人在该技术分支中申请量很少。

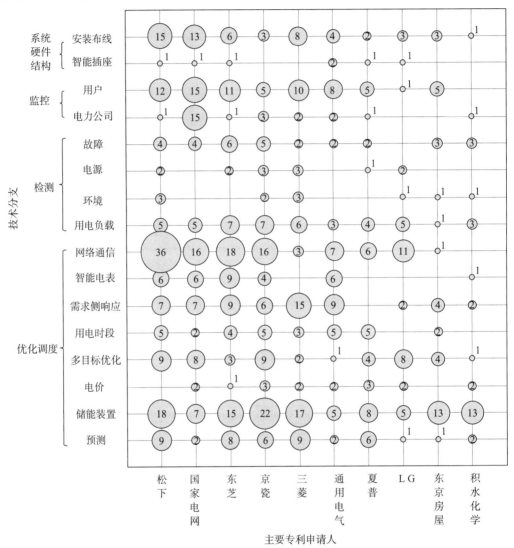

图6　家庭能源管理系统全球主要专利申请人技术分支分布

注：图中数字表示申请量，单位为项。

检测技术是家庭能源管理系统的基础，该技术分支中包括电源检测、故障检测、环境检测和用电负载检测，其中除了用电负载检测以外，其他技术分支的申请量都较少。

监控技术分为电力公司的监控和用户的监控，国家电网在该技术分支中申请量所占比重最大，而日本的松下、三菱和东芝等企业紧随其后。

系统硬件结构方面，布线是整个系统的重心，在该技术分支中，日本的松下的申请量所占比重最大，其次是国家电网，其他如日本的京瓷、三菱等企业也有少量专利布局。

通过上述分析可知，日本迫于能源短缺的环境压力以及国内对于智能技术的重视，同时有老牌家电企业的技术支撑，使得日本企业在家庭能源管理系统领域占据了技术领先优势，各项专利技术布局全面而充分。而中国、美国和韩国的申请人则紧随其后，在技术研发、优势项目以及专利申请的策略上不断向日本看齐。

四、国内外专利技术发展脉络

由于智能电网技术的发展水平不一，各国在家庭能源管理系统方面也取得了不同的研究成果。国外对于家庭能源的研究相对较多，主要包括涉及的计算方法以及未来的趋势预测和网络架构的改进、面临的各种问题、家庭负荷的优化、家用电器的控制、智能小区的优化等。国内智能电网起步较晚，在家庭能源管理方面的研究也相对较少，主要涉及监控、智能电网的架构和体系、用户侧能源管理系统的初步构造、家庭智能设备的研究以及居民智能用电行为的研究等。

（一）国外专利技术发展脉络

1. 优化调度

起步期的优化调度主要通过控制器来实现，例如美国德康公司在1996年提出的专利申请US5684710A，每个被控制的负荷经一个控制模块连接到总线，利用微计算机与负荷控制模块通信，微计算机显示用户请求以及电力公司传送消息。同时，早期的优化调度已经开始关注成本运算，例如1998年美国的泰康姆公司提出的专利申请US5924486A，其通过用户输入端接收用户的输入参数，通过室内环境条件输入端接收实测的室内环境条件，通过能源价格输入端接收单位时间周期能源成本预算计划，基于用户输入的参数计算适合多种能源单位价位的环境条件范围，并且控制至少一个能耗载荷设备；专利申请US6044403A通过可编程功率预算器以根据系统元件的请求维护和分配功率；专利申请US5289362A通过与实时电价相配合来实现经济调度。

快速发展时期的优化调度与网络通信技术紧密配合，例如专利申请US2006184288A1，其主机控制器使用各种类型的通信网络将信息分发给内部的部署处理器，后者又使用基于802.11的无线协议与通信设备，内部部署处理器和能源管理主机之间定义各种形式的通信以实现功率负载控制，确定何时激活或停用负载。同时，预测技术在优化调度中取得长足发展，例如日本的丰田自动车株式会社在2007年提出专利申请JP2008054439A，其通过计划部基于进行了分类/学习的数据预测住宅的电力需求，基于该预测结果计划车辆的充放电，指令生成部根据充放电计划生成车辆的充放电指令；US2530204A提出通过将功耗历史与设定分配进行比较，在整个时间间隔内生成可用功率的预测。为了弥补家庭能源管理系统的电能缺口，同时储存多余的电能，与储能装置配合的优化调度方法应运而生，例如专利申请 US2009326729A1，其考虑到在时间和循环次数方面的额定电池寿命，确定电池充电和放电的未预留循环的预算，通过利用电池组实现负载转移来实现能源成本节省；美国约翰逊控制技术有限公司的专利申请 US2010017045A1，在低需求和低能源成本期间通过电池组存储能源，以使用所存储的能源在高需求期间减少对电力公用事业的需求和/或将能源提供回电力公用事业以满足需求。

发展成熟时期的优化调度方法更加注重用户的个性化和舒适度体验，例如专利申请 US2013038468A，其利用无线广域网传播信号和分散式接收器架构提供能源管理方法，允许用户在特定设备的能源消耗和减载方面做出明智的选择；2012 年提出的专利申请 US2012271476A1 公开了一种通过由公用事业公司或第三方管理者控制的现场能源存储和电力输入来提供发电和配电系统，该系统允许公用事业经理决定和指导能源如何在功率计的两侧传递给客户，同时客户指导和控制何时需要多少能源。这一阶段，家庭中网络技术仍然与优化调度协同配合，专利申请 US2011046798A1 包括设置在住宅处的网络设备和能够与网络设备建立通信的无线家庭能源网络。成熟发展的家庭能源管理系统不仅能满足电力用户的个性化需求，同时亦可满足电力系统统一调度的各项规定，例如美国的谷歌公司在 2014 年提出的专利申请 US2014371939A1，其通过比较能源使用规则和能源使用情况，同时还比较分析能源管理政策和能源使用现状，基于上述比较分析，生成控制指令以修改设备的能源使用简档，从而实现有效的能源管理。

2. 检测

早期的检测技术主要关注能源的消耗和发现故障，例如日本的东芝株式会社在 1997 年提出的专利申请 JPH10334385A，其通过在需求设施上安装电能消耗检测装置，检测由功率测量部件测量的电能消耗，并将数据传输到控制装置，结合电力公司的计费汇总管理装置，分析计算所使用的电力费用，以提供一种能有效管理电源和电能的电源管理系统。日本高压电气株式会社在 2000 年提出的专利申请 JP2001258144A，通过高压接收和分配设备系统以及在 SOG 开关上收集检测器的这些信息来处理从各种类型检测器获得的信息，可以容易地判断发生在发射和分配线路侧或接收和分配设备等方面的故障。

在早期申请的基础上，随着检测设备的不断更新，检测技术也不断得到优化。检测的内容不再局限于用电负载的能耗和故障判断，环境数据（包括光照、温度、湿度等）、电源发电数据等也是检测的重要内容。日本关西电力株式会社在 2001 年提出专利申请 JP2002367056A，其中，电能表的人体传感器检测到人的存在时，根据所存储的详细的 24 小时的电能数据以及房间的使用电能的变化来进行决策。专利申请 US2004059469A1 提出利用传感器与网络通信技术配合来实现检测。法国的 SOMFY 两合公司在 2007 年提出的专利申请 US2008017726A1，通过自动传感器装置探测物理现象，根据基于测定能够转换成电能的瞬时功率所确定的数值来启动操作。2010 年提出的专利申请 US2011046792A1 是检测技术日趋成熟的代表，其在每个住宅站点设置无线家庭能源网络可访问的恒温器，处理器可操作地耦合到数据库并被配置为访问现场报告数据并检测住宅点的恒温器检测数据。

伴随着分布式电源的不断发展，越来越多的家庭能源管理系统与分布式电源紧密配合，以实现效能优化，各种与分布式电源有关的检测技术也应运而生。例如专利申请 JP2011147340A，通过考虑太阳光的数量来对太阳能发电机组进行检测，并收集和比较安装在被认为是一个区域的多个太阳能发电机的发电相关数据，以提供一种以集成方式管理太阳能发电机的运行和管理的太阳能发电机的管理系统。成熟时期的检测技术与网络通信信息化密不可分，例如专利申请 EP2492763A1 配置有无线通信、多个传感器和致动器，根据能源流管理其根据检测无线信号的第一无线信号和预定义的存储管理策略实现的能源流决定，不需要专业技术人员的干预。日本京瓷株式会社的专利申请 JP2018085928A，结合通信部将测量值与规定的预设值进行比较，来判定有无异常。

3. 监控

家庭能源管理系统中的监控技术便于用户和电力公司实时了解家庭中能源的使用情况，监控技术将设备的工作状态和当前的工作状态实时反映给用户。早期的监控技术依托于各种类型的服务器而发展，例如美国 ITRON 公司提出的专利申请 US6868293B1，其通过网络与能源管理系统的服务器通信，并且在服务器中存储一个或多个软件应用程序，用于根据特定的能源削减管理操作方式来远程控制能源管理系统。

为了便于监控的可视化，图形用户界面 GUI 在监控技术中大量应用，例如美国 ABC 知识产权公司提出的专利申请 US2007112939A1，其通过访问服务器中数据库的图形用户界面，将 GUI 从服务器发送到客户端设备，从服务器处的客户端设备接收输入，根据输入在服务器的数据库中配置设备状态，并将配置的设备状态从服务器发送到客户端设备。软件编程技术也得到较大发展，专利申请 US2005190074A1 通过实用程序显示模块与公用设施端点设备通信，该设备监视和显示公用设施（水、气体和/或电）的消耗。

除了监控关于电源消耗的各方面数据以外，监控用户的偏好来进行相应的设定，以提高用户的舒适度和喜好度也是监控技术关注的重点之一，例如专利申请 US2011046805A1，其提出的智能家居能源管理系统通过监控人员活动水平和设备的使用来收集服务偏好的舒适性，器具的操作建议基于舒适的服务偏好，以实现最大程度的节能，该系统还可以为用户推荐潜在的节能措施，以修改服务偏好的舒适度。伴随着移动设备——例如智能手机、平板电脑等的快速发展，较多监控技术利用移动设备实现在线监控，便于用户随时随地查看，例如专利申请 US2011173542A1，通过检测站点处的至少一个网络设备的可用性，在与之相关联的移动设备的图形用户界面内显示接近控制选择器。美国通用电气公司的专利申请 US2011202783A1，通过网络传输家庭能源管理系统的监控数据，利用电脑进行显示。

4. 系统硬件结构

智能电网环境下的家庭能源管理系统涉及传统的发电电源、分布式电源、各种类型的用电负载、电动汽车、用户参数设置、通信接口、网络等，是一个复杂而庞大的系统，系统的硬件结构配置和整体布局关系到整个能源管理系统能否正常运行。早期的系统硬件结构配置主要关注控制器与负载之间的合理分布，例如 1992 年提出的专利申请 US5544036A，提出能源管理和家庭自动化系统包括被管理的每个设施中的一个或多个控制器以及连接到每个控制器的一个或多个能源消耗设备，将各个控制器和能耗设备通过合理布线进行配置；1994 年的专利申请 US5323307A，通过自动化面板盒将电源和断路器控制模块进行安装。各种类型的优化控制设备是家庭能源管理系统的核心，中期的系统硬件结构配置重点关注控制设备如何合理配置，例如专利申请 US2006095164A1 集中介绍了家庭中各种类型的控制设备如何安装布置。这段时期，系统的网络配置优化也是关注的热点，例如专利申请 US2009088907A1 对智能电网配置中的网络通信布线进行了优化。发展成熟的系统硬件结构配置将智能控制设备等进行集成化安装，例如专利申请 KR20110119324A，其智能控制设备包括接口单元、智能控制器、输入单元等，智能控制器可以设置在电气设备中，同时智能控制器可以控制电气设备，使得电气设备可以基于所接收的能源信息以节能操作模式操作。

综上，国外家庭能源管理系统的专利技术发展脉络如图 7 所示。

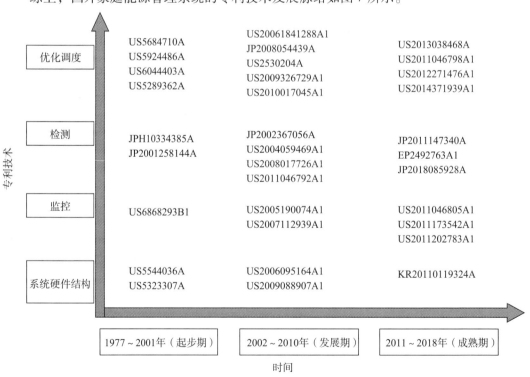

图 7　国外家庭能源管理系统专利技术发展脉络

（二）国内专利技术发展脉络

1. 优化调度

我国在优化调度方面的起步晚于国外，1994 年国内学者开始探索采用智能电表减轻电业抄表人员的劳动强度，例如专利申请 CN1106169A 公开了一种多用户供电汇接装置，将多个用户的用电量数据送到 CPU 并进行存储，作为用户收费的凭证。再如专利申请 CN1173677A 公开了一种住宅能耗自动抄收装置，包括主机和设置在用户电表上的探测器，通过主机发送脉冲和探测器编码的方式实现在主机侧对用户侧耗电量进行计数。早期的优化调度主要体现在传统电路本身，智能化程度不高。

随着网络通信的发展，国内开始探索网络通信在优化调度方面的应用，例如中国电力科学院在 2003 年提出的专利申请 CN1556623A，首次采用组网的方式实现在小区管理控制中心对住户家庭中的家用电器进行远程控制，但那时家庭能源管理系统的概念还未被正式提出，仅仅是作为智能家居的一部分。同时，用户期望能够实现对家庭用电情况的就地和远程监控，2006 年上海东汇集团有限公司提出专利申请 CN101149276A，用户可以选择需要观察的能源信息数据，通过显示屏对该能源信息数据进行显示；山东鲁维电子技术有限公司提出专利申请 CN200962502Y，其通过中央数据处理电路、数据采集电路、通信电路、开关控制电路、键盘、显示屏，实现远程综合智能和人工控制管理。伴随着智能手机的兴起和技术革新，人们开始设想将智能手机应用于家庭能源管理系统，以达到随时随地对用电情况进行监视和控制。2007 年上海电力学院提出的专利申请 CN1996919A，首次探索将手机应用于各种家用电器的管理，用户的手机通过因特网连接家用电器，可实现上班、行走或者出差在外时对家用电器的监控。

我国是能源大国，新能源发电行业的兴起为解决能源危机带来了生机，家用电器也在不断地智能化，人们开始慢慢地将关注点集中在如何协调管理电源以减少电费开支和平衡电网峰谷差，例如深圳先进技术研究院在 2009 年提出的专利申请 CN102097802A，根据电网实时电价和分布式能源发电规律，对家用电器进行时间预约服务，充分利用分布式能源，减少用电成本。再如珠海银通新能源有限公司 2011 年提出的专利申请 CN102882237A，采用储能电池组协调新能源发电和电网，将家庭发电多余电能卖给电网，使用户能够享受低谷电价的同时也能实现电网的"削峰填谷"。同时，随着电动汽车行业的发展以及相关充电标准的实施，国内开始探索采用电动汽车的蓄电池与家庭进行能源交换，2012 年清华大学提出的专利申请 CN102624015A 首次将电动汽车的蓄电池作为家庭电源，有效解决紧急情况下家庭电能缺失的问题，并满足一定规模内的生活用电需求。

家庭用电管理技术逐渐完善，人们开始追求更加精细化的能源管理，期望在减少用电量的同时，还能实现自动化控制和个性化控制。南方电网科学研究院于 2013 年提出专利申请CN103309338A，用户可以制定用电管理控制策略，服务器根据电器的用电情况、能效和用电管理控制策略判定是否需要控制电器，当需要时自动对电器设备进行控制，减少用电量的同时实现个性化制定用电管理控制策略。

2013年之前，家庭能源管理系统智能化程度不高，同时其仅仅作为智能家居的一个组成部分。2013年国内家庭能源管理系统的概念被正式提出，苏州市思玛特电力科技有限公司于2013年提出的专利申请CN103472784A首次采用了家庭能源管理系统一词，并首次在控制算法中考虑了用户舒适度，这也预示着家庭能源管理系统的发展初步进入成熟期。

步入成熟期后的家庭能源管理系统更加侧重于智能化、模型化、多目标性、分时性和人性化，例如南宁博大全讯科技有限公司在2014年提出的专利申请CN104035420A，其检测电器开启或关闭等活动，并记录活动内容及时间，当电器使用状态在某特定时间区间内出现的频率达到预设值时，将该时间段内电器的使用状态写入智能节电规则，并依据智能节电规则发出断开指令，使能源得到合理优化，自动、智能地管理家用电器。西安交通大学在2015年提出的专利申请CN105068513A，其通过采集用户的社交行为数据和环境数据，预测用户社交行为和家居环境需求，并主动控制家用电器，满足用户对舒适度和降低用电成本的要求。上海交通大学在2015年提出的专利申请CN105022376A，在已知分时电价曲线和所有家用电器工作时间特性的基础上，对电器进行延时通断，能够减少电费。北方工业大学在2016年提出的专利申请CN105844365A，通过对气象数据和家庭负荷用电的历史数据，预测用户的光伏用电量，结合新能源发电和用户的用电需求之间的关系，同时结合实时电价数据得到经济性优化模型和环保性优化模型，最大化地实现经济用电和环保用电。成都秦川物联网科技股份有限公司在2017年提出的专利申请CN107862537A，利用服务平台依据设定区域的月度人均能源使用量排序结果向排名靠前的前N个月度人均能源使用量对应的用户分平台发送奖励信息，节约使用能源的用户即可获得奖励，促进用户节约能源，增强用户的节能意识。贵州电网有限责任公司在2017年提出的专利申请CN107944495A，基于深层森林算法的家庭用电负荷分类识别方法，可对有效家庭负荷类别进行智能识别，所得结果可服务于电网需求侧管理、电力市场等多方面，有利于提高电力企业的经济效益。

2. 检测

家庭能源管理系统相关的检测技术是伴随着其优化调度的需求而发展的，2009年以前由于国内优化调度的发展还不够成熟，因此相关的检测技术主要集中在传统电路的检测应用。2010年以后检测技术得到快速发展，例如申请人孙德名等在2010年提出的专利申请CN102236687A，断电保护装置主动侦测交流电并分析电力是否异常，并且该断电保护装置可外接控制系统以实现网络监控。北方工业大学在2010年提出的专利申请

CN201853380U，其通过环境控制模块采集家居系统不同位置的环境参数，然后根据设置的环境参考参数，控制家居系统影响环境参数的家电的运行。中山大学在2010年提出的专利申请CN101902858A，通过检测家庭中当前的光亮度信息，根据当前的灯光模式以及光亮度信息，分析计算灯光调节信息，根据灯光调节信息对当前灯光模式下的灯光进行调节控制，从而智能化地管理家居灯光照明。申请人李俊等在2015年提出的专利申请CN205121220U，通过无线通信单元检测家用电器是否正常工作，如果工作不正常，微处理器通过开关单元控制家用电器断电，从而保护家用电器的安全，并把信息传输给移动通讯端。深圳市实益达智能技术有限公司在2017年提出的专利申请CN106842974A，依据用户智能终端与家庭智能控制设备的距离判断出用户目前的状态，由此通过对应自动控制关闭电器设备，达到节约能源的目的，或者在天气燥热时，提前开冷气等让家居更舒适，实现智能家居更智能化及人性化管理。

3. 监控

与检测技术类似，监控技术的发展也与优化调度的发展密切相关，早期的家庭能源管理系统不够智能化，相应的监控技术也很少。2006年以后伴随着智能家居产业的发展，关于家庭能源管理系统方面的监控技术也取得重要进展。例如山东鲁维电子技术有限公司在2006年提出的专利申请CN200944192Y，其通过可视智能家居用电管理系统对电器用电状况实现现场和远程可测、可视、可控。国网信息通信有限公司在2009年提出专利申请CN101673113A，用户通过用户终端对家用电器进行控制，并且可以将执行信息反映到电视上。上海华勤通讯技术有限公司在2011年提交的专利申请CN201986012U明确将手机的应用领域拓展到家庭用电的监控。

2012年以后的监控技术在监控的内容上更加多样化，例如天津至勤投资咨询有限公司在2013年提出的专利申请CN103336493A，移动终端可以对能源进行主动式监控和管理，具有能耗信息显示、用电设备控制、统计分析决策、预警、报警和提示功能。国网山西省电力公司经济技术研究院在2014年提出的专利申请CN103984307A，实现用户对历史用电信息、用电排名、电价政策和需求响应、能效分析等信息的查询，通过手机、PAD、PC机等终端向用户发布家庭电器能耗情况，为用户节约电费和购买电器提供指导。

4. 系统硬件结构

家庭能源管理系统早期的系统硬件结构配置是传统的配电网结构，2008年以后伴随着新能源以及储能技术的发展，系统硬件结构配置也有所进展，例如深圳市兴隆源科技发展有限公司在2008年提出的专利申请CN101588078A，系统中包括太阳能电池发电、风力发电和蓄电池，光伏模块、风电模块发出的电可以存储到蓄电池中，蓄电池中的电能通过能源管理模块中的直流控制模块直接给直流负载供电，也可由直流控制模块通过逆变器转变为交流电供交流负载使用。同时，系统结构在一些局部组成硬件上也有所改进，例如申请人黄浩波等在2010年提出的专利申请CN201732939U，通过智能插座自动控制电路的通断，具有数据处理、计量和显示功能；盐城供电公司在2016年提出的专利申请CN205581544U，提出一种家庭用电一体化的管理装置，包括控制器、显示屏、按键，能够实现家庭能源管理的基本功能；华北电力大学（保定）在2017年提出的专利申请CN206432511U，入墙式智能插座可通过电力线载波接入电网，无须铺设新的通信线路。

综上，国内家庭能源管理系统的专利技术发展脉络如图8所示。

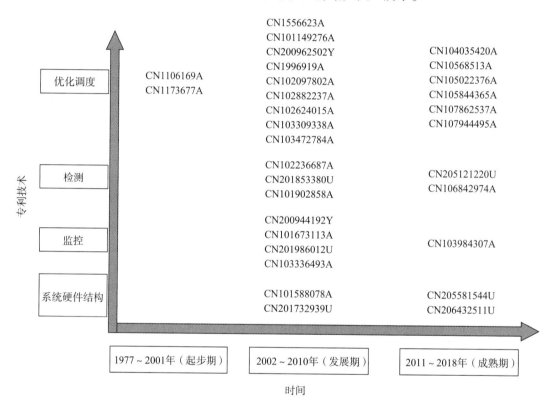

图8　国内家庭能源管理系统专利技术发展脉络

（三）小结

国内外的专利技术发展脉络大体是相似的：早期都是基于网络技术来逐步发展，实现了网络技术在智能电网环境下的家庭能源管理系统中的应用。同时，网络技术贯穿家庭能源管理系统的整个发展历程，网络通信、智能网关、物联网、无线通信等至今仍是家庭能源管理系统的重要组成部分。随着智能移动设备的兴起，人们开始探索更加便捷的智能监控以及智能移动设备在家庭能源管理系统的应用。新能源发电和电动汽车的技术革新为家庭能源管理系统的协调优化带来新的发展方向。家庭能源管理系统逐渐步入成熟期，由网络设备、智能终端、新能源发电、储能装置、家用电器等构成了基本完善的系统。人们开始追求更加智能化和人性化的协调控制技术。根据政府的政策规定、用户的使用习惯、环境条件、出行计划、实时电价等，实现在不影响舒适性的前提下电费成本的降低。

同时，虽然家庭能源管理系统的国内外专利技术的整体发展脉络是相似的，但我国专利技术的发展相对滞后于国外，尤其是智能移动设备、电动汽车和储能装置等新技术的应用以及优化调度的发展程度都要落后于国外。存在差距的主要原因在于：首先，技术研发不够集中，虽然国家电网公司的申请量全球排名第二，但该企业是由地方的很多供电公司和研究院等组成，这些下属单位处于分散状态，未能进行持续而长久的研究；其次，研发深度不够、技术关联性不强，较多专利申请只停留在提出一个技术概念，申请文件的相关记载较笼统模糊，研究人员难以根据其记载的内容而操作实施，并且研发没有前后连续性，技术连贯性缺失。

五、总结

本文对智能电网环境下家庭能源管理系统的专利技术进行了统计分析，提取出该领域的技术分支，重点剖析了主要申请人的专利布局，着重对比分析了国内外专利技术发展脉络，有助于相关研究人员全面了解家庭能源管理系统的背景技术以及热点领域的发展状况，现总结如下。

（一）优化调度为核心

家庭能源管理系统涉及生活的方方面面，故而应用实例也形式多样，但其核心是为了实现家庭环境内的用电负载和电源之间的协调优化，以达到用户预先设定的最优化目标。从前文统计分析结果来看，优化调度占比总申请量的55%，是家庭能源管理系统最重要的技术分支。

（二）日本领先，中美韩紧跟

对各技术分支的主要申请人进行统计分析表明，日本的企业在家庭能源管理系统技术领域具有明显优势，这是因为日本是传统的家电企业强国，囊括了松下、东芝、三菱等知名企业，其新能源、家电和智能控制等研发技术处于全球领先地位。中国、美国和韩国也在各技术分支积极布局。

（三）未来发展方向

通过对智能电网环境下家庭能源管理系统的专利技术分析，可以使国内申请人对全球家庭能源管理系统的专利申请情况有一个基本认识，相关企业和科研机构可以从中寻找感兴趣的发展方向，也可以从国外的重要申请人的专利布局中寻找经验和技术突破口。例如，在优化调度方面，由于国家电网公司统筹全国范围内的电力运行，其更便于从全局的角度协调优化家庭中的用电负载和电源的运行，其进行诸如实时电价、电源出力预测和用电时段等优化调度的相关研究的便捷性是显著的，因此可以从中寻找研发方向，突破现有技术瓶颈。在检测、监控和系统硬件结构方面，由于涉及的技术庞杂、种类繁多，现有的家庭能源管理系统可能还有大量的新技术有待开发，国内申请人可积极开发新技术、新设备，占领先机，提高自身竞争力。

参考文献

［1］纪姝彦 . 面向智能用电的家庭能源管理研究［D］. 合肥：合肥工业大学，2017.